储能科学与工程专业"十四五"高等教育系列教材

能源电化学基础

主　编　张英杰　董　鹏　梁　风
副主编　张义永　曾晓苑　孟　奇
参　编　成　方　侯敏杰　章艳佳

科学出版社

北京

内 容 简 介

本书共 7 章。第 1、2 章详细论述能源电化学的重要性,化学电源的结构、性质与工作原理;第 3、4 章重点介绍能源电化学热力学基础;第 5 章介绍能源电化学界面组成与结构,重点介绍双电层结构与模型发展以及 SEI 组成、结构与表征方法;第 6、7 章介绍能源电化学传荷动力学与传质动力学等理论基础。

本书可作为普通高等学校储能科学与工程、新能源科学与工程等专业的本科生教材,也可作为职业技术教育和继续教育的教材,还可作为研究生与工程技术人员的参考书。

图书在版编目(CIP)数据

能源电化学基础 / 张英杰,董鹏,梁风主编. 北京 : 科学出版社,2025.3. --(储能科学与工程专业"十四五"高等教育系列教材). -- ISBN 978-7-03-080601-7

I. O646

中国国家版本馆 CIP 数据核字第 2024SX7700 号

责任编辑:陈 琪 / 责任校对:王 瑞
责任印制:师艳茹 / 封面设计:马晓敏

科 学 出 版 社 出版
北京东黄城根北街 16 号
邮政编码:100717
http://www.sciencep.com

北京华宇信诺印刷有限公司印刷
科学出版社发行 各地新华书店经销

*

2025 年 3 月第 一 版　开本:787×1092　1/16
2025 年 3 月第一次印刷　印张:10 1/2
字数:249 000

定价:59.00 元
(如有印装质量问题,我社负责调换)

储能科学与工程专业"十四五"高等教育系列教材编委会

主　任

　　王　华

副主任

　　束洪春　　李法社

秘书长

　　祝　星

委　员（按姓名拼音排序）

蔡卫江	常玉红	陈冠益	陈　来	丁家满
董　鹏	高　明	郭鹏程	韩奎华	贺　洁
胡　觉	贾宏杰	姜海军	雷顺广	李传常
李德友	李孔斋	李舟航	梁　风	廖志荣
林　岳	刘　洪	刘圣春	鲁兵安	马隆龙
穆云飞	钱　斌	饶中浩	苏岳锋	孙尔军
孙志利	王　霜	王钊宁	吴　锋	肖志怀
徐　超	徐旭辉	尤万方	曾　云	翟玉玲
张慧聪	张英杰	郑志锋	朱　焘	

序

储能已成为能源系统中不可或缺的一部分，关系国计民生，是支撑新型电力系统的重要技术和基础装备。我国储能产业正处于黄金发展期，已成为全球最大的储能市场，随着应用场景的不断拓展，产业规模迅速扩大，对储能专业人才的需求日益迫切。2020年，经教育部批准，由西安交通大学何雅玲院士率先牵头组建了储能科学与工程专业，提出储能专业知识体系和课程设置方案。

储能科学与工程专业是一个多学科交叉的新工科专业，涉及动力工程及工程热物理、电气工程、水利水电工程、材料科学与工程、化学工程等多个学科，人才培养方案及课程体系建设大多仍处于探索阶段，教材建设滞后于产业发展需求，给储能人才培养带来了巨大挑战。面向储能专业应用型、创新性人才培养，昆明理工大学王华教授组织编写了"储能科学与工程专业'十四五'高等教育系列教材"。本系列教材汇聚了国内储能相关学科方向优势高校及知名能源企业的最新实践经验、教改成果、前沿科技及工程案例，强调产教融合和学科交叉，既注重理论基础，又突出产业应用，紧跟时代步伐，反映了最新的产业发展动态，为全国高校储能专业人才培养提供了重要支撑。归纳起来，本系列教材有以下四个鲜明的特点。

一、学科交叉，构建完备的储能知识体系。多学科交叉融合，建立了储能科学与工程本科专业知识图谱，覆盖了电化学储能、抽水蓄能、储热蓄冷、氢能及储能系统、电力系统及储能、储能专业实验等专业核心课、选修课，特别是多模块教材体系为多样化的储能人才培养奠定了基础。

二、产教融合，以应用案例强化基础理论。系列教材由高校教师和能源领域一流企业专家共同编写，紧跟产业发展趋势，依托各教材建设单位在储能产业化应用方面的优势，将最新工程案例、前沿科技成果等融入教材章节，理论联系实际更为密切，教材内容紧贴行业实践和产业发展。

三、实践创新，提出了储能实验教学方案。联合教育科技企业，组织编写了首部《储能科学与工程专业实验》，系统全面地设计了储能专业实践教学内容，融合了热工、流体、电化学、氢能、抽水蓄能等方面基础实验和综合实验，能够满足不同方向的储能专业人才培养需求，提高学生工程实践能力。

四、数字赋能，强化储能数字化资源建设。教材建设团队依托教育部虚拟教研室，构建了以理论基础为主、以实践环节为辅的储能专业知识图谱，提供了包括线上课程、教学视频、工程案例、虚拟仿真等在内的数字化资源，建成了以"纸质教材+数字化资源"为特征的储能系列教材，方便师生使用、反馈及互动，显著提升了教材使用效果和潜在教学成效。

储能产业属于新兴领域，储能专业属于新兴专业，本系列教材的出版十分及时。希望本系列教材的推出，能引领储能科学与工程专业的核心课程和教学团队建设，持续推动教学改革，为储能人才培养奠定基础、注入新动能，为我国储能产业的持续发展提供重要支撑。

中国工程院院士　吴锋

北京理工大学学术委员会副主任

2024 年 11 月

前　言

党的二十大报告明确提出，"加快规划建设新型能源体系"。大力发展非化石能源，以清洁电能为主的能源革命须急速推进，而电化学储能技术是关键。近年来，电化学基础理论和储能技术迭代更新速度快，然而，与之相适应的教材比较陈旧，更新缓慢。国内外已出版的能源电化学相关教材及书籍较少，尤其缺乏对新型储能电池体系、新型电化学基本原理及其在能源领域应用的介绍，因此，亟需一本满足新时代教学需求的《能源电化学基础》教材。目前，在国内各高校中，新能源材料与器件、新能源科学与工程、储能科学与工程、能源化学工程所属的许多二级学科都已将"能源电化学"作为工学学士学位必修课和硕士研究生的专业选修课，但苦于没有一本适合能源电化学教学的教材，严重阻碍了学生对电化学储能基础原理、器件设计与应用等知识内容的深层次理解。本书在参考大量国内外相关教材、专著的基础上，根据实际教学和科研经验以及储能科学与工程等相关专业的发展状况，采取更有利于学生掌握的章节编排结构，全面和深入地介绍能源电化学的基础理论与应用技术，理论联系实际，系统更新了相应的电化学基础理论与电化学储能体系间的内在联系，有益于电化学基础理论的理解学习与应用，力求做到由浅入深、深广适度。每章设有习题，以帮助读者加深理解与掌握相关知识。

本书系统介绍能源电化学的基本原理、方法及应用，注重化学电源与电化学的知识体系衔接，重视电化学基本概念及在能源领域中应用的阐述，内容新颖、难易适中。全书共七章：第 1 章能源电化学概述由梁风编写；第 2 章介绍能源电化学体系的组成及结构，由曾晓苑、章艳佳编写；第 3 章介绍能源电化学电解质体系的分类及不同体系电解质的结构与基础性质，由张义永编写；第 4 章介绍能源电化学热力学原理、过程及 φ-pH 图绘制方法与应用，由梁风、侯敏杰编写；第 5 章介绍能源电化学界面特性及电极/溶液界面双电层的结构、性质和研究方法，由张义永、成方编写；第 6、7 章分别介绍能源电化学电极传荷动力学和电解质传质动力学的影响因素、基本参数及一些基本的电化学测量方法，由董鹏、孟奇编写。全书由张英杰统稿。

在本书的学习过程中建议以"问题牵引—原理剖析—实践应用"为课程教学逻辑，下面所建议的方法可供读者学习时参考。

(1) 系统地梳理学习电化学原理、物理化学基本原理及电化学测量技术的基本技能，了解现代电化学科学技术的新进展，从而为进一步学好本教材打下坚实基础。

(2) 重点学习能源电化学的相关基本概念、基本规律和基本理论，关联能源电化学热力学、能源电化学动力学与能源电化学理论理解电化学过程。

(3) 构建能源电化学粒子传输原理及过程，联系实际进行思考，运用所学知识解释现象。

在此，恳请各位读者批评指正，提出宝贵的意见与建议以期不断完善与进步。希望本书将来能对能源电化学领域，尤其是储能科学与工程、新能源科学与工程、新能源材料与器件专业的学生或科研工作者开展电化学储能研究有所裨益。

编　者

2024 年 8 月

目　录

第1章　绪论 ··· 1
1.1　能源 ·· 1
1.1.1　能源的分类 ·· 1
1.1.2　能源转化与存储 ·· 2
1.2　能源电化学 ··· 3
1.2.1　能源电化学简介 ·· 3
1.2.2　能源电化学发展历史 ··· 4
1.2.3　能源电化学的研究内容 ··· 5
1.2.4　能源电化学反应基本步骤 ··· 6
1.3　能源电化学基础课程建设 ··· 6
习题 ·· 7
第2章　能源电化学体系 ··· 8
2.1　电化学体系 ··· 8
2.1.1　原电池 ··· 8
2.1.2　电解池 ··· 10
2.1.3　腐蚀电池 ··· 11
2.2　电化学体系组成及结构 ·· 12
2.3　能源电化学储能体系发展历程 ··· 14
2.4　电化学储能体系理论容量和能量密度 ··································· 17
2.5　锂离子电池 ··· 18
2.5.1　概述 ··· 18
2.5.2　锂离子电池的分类和工作原理 ·· 19
2.6　钠离子电池 ··· 20
2.6.1　概述 ··· 20
2.6.2　钠离子电池的分类与工作原理 ·· 21
2.7　多价金属离子电池 ·· 22
2.7.1　概述 ··· 22
2.7.2　镁离子电池 ··· 23
2.7.3　锌离子电池 ··· 24
2.8　新型电化学储能体系 ·· 25
2.8.1　金属-空气电池 ·· 26
2.8.2　金属硫电池 ··· 28

习题 ·· 30
第3章　能源电化学电解质体系 ·· 32
　3.1　能源电化学电解质基础性质 ··· 32
　　3.1.1　能源电化学电解质离子电导率 ··· 32
　　3.1.2　能源电化学电解质淌度 ··· 35
　　3.1.3　能源电化学电解质离子迁移数 ··· 38
　　3.1.4　扩散系数 ··· 39
　　3.1.5　电化学稳定窗口 ·· 40
　3.2　液态电解质的结构及性质 ·· 42
　　3.2.1　有机液态电解质 ·· 42
　　3.2.2　离子液体电解质 ·· 45
　　3.2.3　水系液态电解质 ·· 46
　3.3　固态电解质的结构及性质 ·· 47
　　3.3.1　聚合物固态电解质 ··· 47
　　3.3.2　无机固态电解质 ·· 50
　　3.3.3　半固态电解质 ··· 53
　3.4　能源电化学电解质对电化学储能电池体系性能的影响 ················· 54
　　3.4.1　对电化学储能电池容量的影响 ··· 54
　　3.4.2　对电化学储能电池内阻及倍率充放电性能的影响 ················ 54
　　3.4.3　对电化学储能电池操作温度范围的影响 ······························ 55
　　3.4.4　对电化学储能电池储存和循环寿命的影响 ·························· 55
　　3.4.5　对电化学储能电池安全性的影响 ··· 56
　　3.4.6　对电化学储能电池自放电性能的影响 ··································· 56
　　3.4.7　对电化学储能电池过充电和过放电行为的影响 ···················· 56
　　习题 ·· 57
第4章　能源电化学热力学 ·· 58
　4.1　相间电势与电极电势 ··· 58
　　4.1.1　内电势与外电势 ·· 59
　　4.1.2　界面电势差 ·· 59
　　4.1.3　电极电势 ··· 60
　　4.1.4　绝对电势与相对电势 ··· 62
　　4.1.5　标准氢电极与标准电极电势 ·· 63
　　4.1.6　电池与电极材料的电压 ·· 65
　　4.1.7　液体接界电势 ··· 66
　4.2　电池电化学反应电动势 ··· 67
　　4.2.1　电池电动势与吉布斯自由能 ··· 67
　　4.2.2　电池电动势与化学平衡常数的关系 ··· 68
　　4.2.3　能斯特方程 ··· 69

4.3 可逆电化学过程的热力学 ·· 70
   4.3.1 可逆电池 ·· 70
   4.3.2 电池符号的表达方式 ·· 71
   4.3.3 可逆电极的类型 ·· 71
   4.3.4 可逆电池的类型 ·· 73
4.4 不可逆电化学过程的热力学 ··· 74
   4.4.1 不可逆电极及电势 ·· 74
   4.4.2 不可逆电极的类型 ·· 76
   4.4.3 可逆/不可逆电势的判断 ·· 77
4.5 φ-pH 图 ·· 78
   4.5.1 φ-pH 图的绘制原理 ·· 78
   4.5.2 特殊储能电池体系 φ-pH 图 ·· 79
   4.5.3 φ-pH 图在电化学储能中的应用 ·· 82
习题 ·· 83

第 5 章 能源电化学界面基础 ·· 85
5.1 能源电化学界面简介 ·· 85
5.2 双电层的形成 ·· 86
5.3 双电层结构模型 ·· 87
   5.3.1 亥姆霍兹模型 ·· 87
   5.3.2 Gouy-Chapman 模型 ·· 88
   5.3.3 Stern 模型 ··· 93
5.4 特性吸附 ·· 96
   5.4.1 特性吸附的本质和程度 ·· 99
   5.4.2 吸附等温式 ·· 100
   5.4.3 吸附速率 ·· 102
   5.4.4 电解质特性吸附时的双电层影响 ·· 103
5.5 能源电化学中的固态电解质界面 ·· 104
5.6 能源电化学界面表征方法 ·· 107
   5.6.1 电化学原位拉曼光谱 ·· 107
   5.6.2 电化学原位扫描探针技术 ·· 108
   5.6.3 电化学原位中子技术 ·· 110
   5.6.4 其他电化学原位技术 ·· 110
习题 ·· 111

第 6 章 能源电化学传荷动力学 ·· 112
6.1 电极电势对电子转移步骤反应速率的影响 ·· 112
   6.1.1 动态平衡 ·· 112
   6.1.2 阿伦尼乌斯公式和势能面 ·· 113
   6.1.3 过渡态理论 ·· 114

6.1.4 电极反应的本质	116
6.1.5 电势对能垒的影响	117
6.1.6 单步骤电子过程	118
6.2 电子转移步骤的基本动力学参数	119
6.2.1 交换电流密度	119
6.2.2 传递系数	120
6.2.3 电极反应速率常数	122
6.3 稳态能源电化学极化规律	122
6.3.1 Butler-Volmer 方程	122
6.3.2 高超电势下的电化学极化规律	125
6.3.3 低超电势下的电化学极化规律	126
6.3.4 电化学极化在储能体系中的应用	126
习题	128
第 7 章 能源电化学传质动力学	**131**
7.1 液相传质的三种方式	131
7.2 稳态扩散过程	134
7.2.1 理想条件下的稳态扩散	135
7.2.2 真实条件下的稳态扩散过程	137
7.2.3 电迁移对稳态扩散过程的影响	139
7.3 浓差极化的规律和判别方法	140
7.3.1 浓差极化的规律	140
7.3.2 浓差极化的判别方法	144
7.4 非稳态扩散过程	144
7.4.1 菲克第二定律	145
7.4.2 电化学问题的边界条件	147
7.5 浓差极化在储能体系中的应用	148
7.5.1 原电池与浓度极化	148
7.5.2 锂电池电化学与浓度极化	150
7.5.3 燃料电池与浓差极化	150
习题	151
参考文献	**153**

第1章 绪　　论

能源是能够提供能量的资源，它可以为人类的生产、生活及各种活动提供动力。电化学是研究电和化学反应相互关系的科学。利用能源是人类发展的重要基石。从远古时期的火到现代的各种先进能源技术，能源的利用推动着人类文明不断向前迈进，为社会进步、经济增长和生活改善提供着源源不断的动力。能源的利用与电化学之间存在着紧密而重要的关系，电化学为能源利用提供关键技术支撑。本章重点介绍能源的分类，能源电化学发展历史、研究内容和反应步骤，以及能源电化学基础课程建设情况，从宏观上了解能源电化学基础。

1.1　能　　源

1.1.1　能源的分类

能源是人类赖以生存和发展的重要物质基础，是国民经济发展的命脉。自古以来，人类为改善生存条件和促进社会经济的发展而不停地进行奋斗。在这一过程中，能源一直扮演着重要的角色。从世界经济发展的历史和现状来看，能源问题已成为社会经济发展中一个具有战略意义的问题，能源的消耗水平已成为衡量一个国家国民经济发展和人民生活水平的重要标志，能源问题对社会经济发展起着决定性的作用。能源革命更是推动产业革命不断前进的重要力量。从定义上来说，能源是指各种可以产生能量或可做功的物质的统称，按使用类型可分为常规能源(传统能源)和新能源(非常规能源、替代能源)。

常规能源，指的是在现有经济和技术条件下，已经大规模生产和广泛使用的能源，包括一次能源中的可再生的水力资源及不可再生的煤炭、石油、天然气等资源，这些能源长期以来一直是支撑社会经济发展的基石。而新能源，则是在新技术上和新材料的基础上系统开发利用的能源，包括太阳能、风能、地热能、海洋能、生物能以及用于核能发电的核燃料等能源。新能源大多具有天然、可再生的特性，是未来世界持久能源系统的重要基础。随着技术的不断进步和环保意识的提高，新能源的开发和利用将成为推动能源革命的关键力量。

在常规能源中，化石能源是目前最主要的能源，占全部能源消耗的90%以上。随着社会生产力的发展和人民生活水平的提高，化石能源消耗的增长速度大大超过了人口的增长速度，化石能源逐渐面临枯竭。目前，人类社会高度依赖煤炭、石油和天然气等化石能源，尚无其他足够丰富廉价的能源取代化石燃料，由此也导致化石能源短缺与巨大能源需求的矛盾。化石能源的使用，还会带来严重的环境污染，并使气候异常，这已引起世界各国的重视。化石能源的使用会排出大量氮和硫的氧化物，形成酸雨，对土壤、水体和建筑物造成严重的腐蚀，也是引起雾霾的主要原因，对人体健康和环境造成很大的危害。另外，使用化石能源会排出大量的二氧化碳(CO_2)，CO_2的排放不仅加剧了温室效应，还导致了全球气候变暖。近年来，极端天气频频出现，科学家们普遍认为这与全球气候变暖有着密切的关系。

基于化石能源短缺及其环境影响，推动实现能源转型和替代显得十分紧迫。大自然赋予人类的能源是多种多样的，除了化石能源外，还有生物质能、核能、水能、风能、地热能、海洋能、太阳能、氢能等可利用。迄今，能源多样化已经成为一种现实选择和全球趋势，太阳能、海浪能和潮汐能及地热能等新能源已逐步被人类利用开发。不过，这些能源在现有能源利用结构中占比很小，而且还存在着不少局限和挑战。挖掘现有能源潜力的技术创新也是解决能源短缺的一条重要途径。通过研发更高效、更环保的能源技术和设备，人类能够更好地利用和转化各种能源资源，提高能源利用效率，减少能源浪费。

如今，人类能源已经进入了一个新的阶段，即"新能源与可持续发展"正在发生与演变。新能源与常规能源是相对概念，新能源的各种形式都是直接或者间接地来自太阳或地球内部深处所产生的热能，包括太阳能、风能、地热能、生物质能、水能和海洋能，以及由可再生能源衍生出来的生物燃料和氢所产生的能量。相较于传统能源而言，新能源具有污染小、储量大和可持续再生的特点，对于解决当今世界严重的环境污染问题和资源枯竭问题具有重要意义。

1.1.2 能源转化与存储

新能源的优点是资源丰富，普遍具备可再生特性；不含碳或含碳量低，对环境影响小；分布广，有利于小规模分散利用。然而，新能源也具有局限性，例如，能量密度低，开发利用需要较大空间；间断式供应，波动性大，对持续供能不利；除水电外，可再生能源的开发利用成本较化石能源高。太阳能、风能等间歇性新能源发电的发展对储能技术提出了更高要求。

到目前为止，人们已经探索和开发了多种形式的电能储能方式，主要可分为电化学储能、机械储能、电磁储能和蓄热储能等。电化学储能是一种通过电化学反应将电能转换为化学能进行存储，并在需要时再将化学能转换回电能的技术。电化学储能因其能量密度高、效率高、快速响应和可逆性良好等特点，在电力系统、新能源汽车、便携式电子设备等领域得到了广泛应用，主要包括铅酸电池、液流电池、钠硫电池、锂离子电池、钠离子电池和超级电容器。机械储能主要有抽水蓄能、压缩空气储能、飞轮储能等，存在的问题主要是对场地和设备有较高要求。电磁储能包括超导储能和高能电容储能等，响应快、比功率高，但因制造成本较高等原因，导致应用较少，仅建设有示范性工程。

电化学储能技术不受地理地形环境的限制，可以对电能直接进行存储和释放，且从乡村到城市均可使用，因而引起新兴市场和科研领域的广泛关切。电化学储能技术在未来能源格局中的具体功能如下：①在发电侧，解决风能、太阳能等可再生能源发电不连续、不可控的问题，保障其可控并网和按需输配；②在输配电侧，解决电网的调峰调频、削峰填谷、智能化供电、分布式供能问题，提高多能耦合效率，实现节能减排；③在用电侧，支撑汽车等用能终端的电气化，进一步实现其低碳化、智能化等目标。以储能技术为先导，在发电侧、输配电侧和用电侧实现能源的可控调度，保障可再生能源大规模应用，提高常规电力系统和区域能源系统效率，驱动电动汽车等终端用电技术发展，建立"安全、经济、高效、低碳、共享"的能源体系，成为我国落实"能源革命"战略的必由之路。以电化学储能为代表的新型储能是支撑新型电力系统的重要技术和基础装备，对推动能源绿色转型、应对极端事件、保障能源安全、促进能源高质量发展、支撑应对气候变化目标实现具有重要意义。

1.2 能源电化学

从表面来看，新能源与电化学没有关系；然而，太阳能和风能发电时，必须要用储能设备来产生稳定的电。电化学储能具有能量转换效率高、污染小、受环境与地理位置限制小等优点，是未来储能的重要方式。能源电化学主要讨论电化学在储能方面的应用，电能能够通过两种不同的方式储存。

(1) 以化学能的方式储存。电化学活性物质发生法拉第氧化还原反应并释放电荷，当电荷在不同电势的电极间流动时，就可以对外做功。

(2) 以静电的形式储存，即非法拉第储存过程。电能以正电荷和负电荷的形式存储在电极和电解质溶液界面处并形成电化学双电层。

1.2.1 能源电化学简介

电化学是研究物质化学性质或化学反应与电的关系的科学，是横跨自然科学(理学)和应用科学(工程、技术)两大学科的一门交叉学科，它不仅与无机化学、有机化学、分析化学和化学工程等学科相关，还渗透到环境科学、能源科学、生物学和金属工业等领域。能源电化学是电化学在能源科学上的分支，将电化学的基础知识应用在储能领域，并不断地融合升级发展。

从界面化学的角度来说，能源电化学是研究两类导体形成的带电界面及其上所发生的变化的科学，主要研究内容包括电解质学和电极学。其中，电解质学(或离子学)研究电解质的导电性质、离子的传输特性、参与反应的离子的平衡性质，其中电解质溶液的物理化学研究常称为电解质溶液理论。电极学主要研究电极界面(或电化学界面)的平衡性质和非平衡性质。

电极界面通常指用作电极的电子导体与离子导体之间的界面，其中最常见的是金属电极与电解质溶液相接触时二者之间的界面。电极界面是电子导体与离子导体相连的关键区域，它在电流通过时起着至关重要的作用。在这个过渡区域，电流可能导致某些组分经历氧化或还原反应，即失去或获得电子。因此，电极界面不仅是电极反应发生的场所，而且其基本特性对反应的性质和反应速率有着显著的影响。在理想情况下，如果电极界面不发生电化学反应,那么流向界面的电流将仅用于改变其结构,而不会跨越界面。这种状态下的电极称为理想极化电极,超级电容器的能量存储机制正是基于这一原理。相对地,如果流向电极界面的电流主要用于推动电化学反应,这样的电极就称为能够实现电极反应的电极。

能源电化学是一门研究电能与化学能相互转换及其转换规律的科学。从能量转换的角度来看,电解池,例如用于电解水制氢的装置,能够实现电能向化学能的转换。相对地,原电池和燃料电池则能够将化学能转换回电能。特别值得一提的是二次电池,它们能够在电能和化学能之间实现可逆的转换,这使得二次电池成为当前应用最广泛的储能技术。

1.2.2 能源电化学发展历史

电化学的发展与固体物理、催化、生命科学等学科的交叉融合,使得能源电化学成为物理化学中一个活跃且重要的分支。电化学是一门源远流长且处于科学前沿的学科,其历史最早可追溯至 1791 年,当时意大利生物学家伽伐尼(Galvani)发现了著名的"生物电"现象——连接金属的蛙腿肌肉发生抽缩。然而,电化学作为一门独立学科的起点,通常被认为是 1800 年,意大利物理学家伏打(Volta)在伽伐尼的启发下,发明了由不同金属片和湿纸组成的"电堆",即"伏打电堆",标志着化学电源的诞生。"伏打电堆"的出现,不仅早于"电-磁"转换现象的发现和直流电机的发明,而且作为当时唯一能提供恒稳电流的电源,引发了人们对电流来源的好奇。为解答这一问题,产生了两种主要解释:伏打的"接触"说和法拉第(Faraday)等的"化学说"。伏打认为金属内含有一种名为"电流体"的物质,当不同金属接触时,"电流体"从张力高的金属流向张力低的金属,形成电流。尽管这一理论形象生动,但伏打未能阐明"电流体"和"张力"的物理本质及其测量方法,也未解释介质的作用。与此相对,法拉第等科学家提出了"化学说",认为电堆供电必须伴随着金属/溶液界面上的化学反应。法拉第的电解定律进一步确立了电量与化学反应物质的量之间的定量关系,为"化学说"提供了坚实的事实基础。19 世纪下半叶,亥姆霍兹(Hermann von Helmholtz)和吉布斯(Gibbs)的工作为电池的电动势赋予了明确的热力学含义。1889 年,能斯特(Nernst)导出了物质活度与电极电势的关系,即著名的能斯特方程。1923 年,德拜(Debye)和休克尔(Hückel)提出了被广泛接受的强电解质稀溶液静电理论。这些研究极大地推动了电化学在理论和实验方法方面的发展。

20 世纪 40 年代以后,电化学暂态技术的应用和发展,以及电化学方法与光学和表面技术的结合,使科学家能够研究快速和复杂的电极反应,提供了电极界面上反应中间物的信息。我国现代电化学重要奠基人、著名化学家、中国科学院院士查全性秉持探究真理、潜心研究的求实精神,根据他多年教学经验编著的《电极过程动力学导论》被公认为是我国电化学界影响最广的学术著作。中国科学院院士田昭武树立甘为人梯、奖掖后学的育人精神,在自催化电极过程理论、燃料电池多孔电极过程理论、腐蚀电化学、光电化学、电分析化学等研究领域做出诸多开创性工作,编著的《电化学研究方法》成为国内电化学研究生及广大电化学科研工作者的重要教材或参考书籍。

如图 1-1 所示，伏打电池是世界上第一个电化学储能器件，是通过两种不同金属(通常是锌和铜)在酸性或碱性溶液中形成的电化学反应来实现电能存储的。这一发明标志着现代电池技术的开端，也为后来的电化学储能技术奠定了基础。随着时间的推移，能源电化学技术得到了不断的改进和发展，1859 年普兰特(Planté)发明的铅酸电池。铅酸电池的出现极大地推动了能源电化学技术的发展，它成为最早的商业化电池之一；1899 年容纳(Jungner)发明镍镉(Ni-Cd)电池；1901 年爱迪生(Edison)发明了镍铁(Ni-Fe)蓄电池。20 世纪 70 年代燃料电池、钠硫电池和锂硫化铁电池获得了应用，80 年代出现了镍氢电池，90 年代发明了锂离子电池。我国电化学专家、中国工程院院士杨裕生耄耋之年再攀高峰，研究锂硫电池、超级电容器、液流电池、铅炭电池等新型电源，极大地推动了我国的氢能与燃料电池、电动汽车增程技术的发展。我国著名化学家、教育家、中国科学院院士吴浩青严谨治学、勇于开拓，坚持从事锂固态电解质、高能电源锂电池及其放电机理的研究，对电池内阻测量方法做出重要改进，首次提出了锂在共轭双键高聚物中的嵌入反应机理，被誉为中国"锂电子电池之父"。自 2000 年起，我国电化学储能行业经历了技术验证阶段、示范应用阶段、商业化初期以及产业规模化发展阶段。在这个过程中，锂离子电池、全钒液流电池和铅炭电池等电化学储能技术基本实现了市场运营，而钠离子电池、锌基液流电池、固态锂电池等新兴电化学储能技术也如雨后春笋般涌现，并以越来越快的速度实现从基础研究到工程应用的跨越。

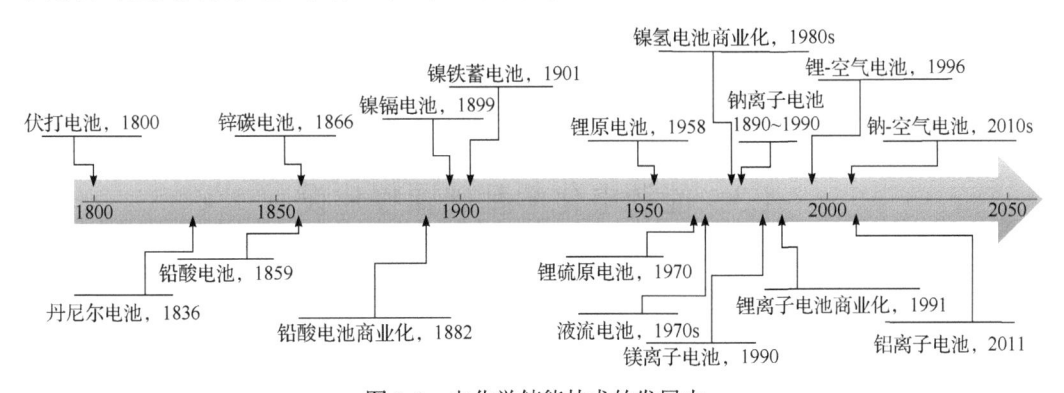

图 1-1 电化学储能技术的发展史

1.2.3 能源电化学的研究内容

能源电化学是一门涵盖广泛领域的学科，主要研究的是电能与化学能之间的相互转换及其规律。在这个领域中，科学家们致力于探索如何更有效地存储和释放电能，以用于各种不同的应用，如电动汽车、便携式电子产品、储能系统等。能源电化学的核心在于化学电池，无论是一次性电池还是可充电电池，都是现代社会不可或缺的能量来源。此外，随着可再生能源的普及和环境问题的加剧，能源电化学的重要性也在日益增加。

能源电化学涉及的领域包括但不限于电池技术，燃料电池、金属-空气电池等多种化学电源。当代能源电化学十分重视研究电化学界面结构、界面上的电化学行为和动力学等。其中，电化学热力学研究平衡状态下的性质，电化学动力学研究非平衡态下的性质。

现代电化学又将统计力学和量子力学引入能源电化学的理论体系，开辟了在微观水平研究电化学的新领域。

1.2.4 能源电化学反应基本步骤

电极过程是一个复杂的过程，往往由大量串联或并联的电极基本过程(或称单元步骤)组成。最简单的电极过程通常包括以下四个基本过程。

(1) 电荷传递过程(charge transfer process)，简称传荷过程，也称电化学步骤。

(2) 扩散传质过程(diffusion process 或 mass transfer process)，主要是指反应物和产物在电极界面静止液层中的扩散过程。

(3) 电极界面双电层的充电过程(charging process of electric double layer)，也称非法拉第过程(non-Faradaic process)。

(4) 电荷的电迁移进程(migration process)，主要是溶液中离子的电迁移过程，也称离子导电过程。

另外，还可能有电极表面的吸脱附过程、电结晶过程、伴随电化学反应的均相化学反应过程等。这些电极基本过程在整个电极过程中的地位随具体条件而变化，而整个电极过程总是表现出占据主导地位的电极基本过程的特征。在进行电化学测量时往往要研究某一个电极基本过程，测量某一个基本过程中的参量，如传荷过程中的一些动力学参量(交换电流密度、反应速率常数、传递系数等)。因此，要进行能源电化学研究，研究某一个基本过程，就必须控制实验条件，突出主要矛盾，使该过程在电极总过程中占据主导地位，降低或消除其他基本过程的影响，这也是进行能源电化学研究的基本原理。

1.3 能源电化学基础课程建设

能源安全是关系国家经济和社会发展的全局性、战略性问题。在创新驱动发展和能源结构调整优化政策推动下，能源电化学相关研究得到广泛关注。因此，能源电化学基础课程不仅需要注重基础知识和研究方法，同时又需要紧紧围绕前沿方向，对能源、化学、材料等学科的发展起到积极推动作用。

随着全球能源格局正在发生由依赖传统化石能源向追求清洁高效能源的深刻转变，我国能源结构也正经历前所未有的深刻调整。我国储能技术发展正在从试点建设向大规模产业应用加快推进，在储能相关领域积累了大量基础性研究成果，在部分相关学科实现了原创性关键突破。但储能技术作为重要的战略性新兴领域，需要加快物理、化学、材料、能源动力、电力电气等多学科多领域交叉融合、协同创新，高校现有人才培养体系尚待完善，亟须全力构建新能源材料与器件、新能源科学与工程、储能科学与工程、能源化学工程等学科专业体系。

2020年1月教育部、国家发展和改革委员会、国家能源局联合印发的《储能技术专业学科发展行动计划(2020—2024年)》强调需加快推进学科专业建设，加快推进储能技术相关专业的建设标准、培养方案、课程体系以及教材体系建设。2022年1月国家发展和改革委员会、国家能源局在《"十四五"新型储能发展实施方案》提出要强化顶层设计，突出科学引领作用，加强与能源相关规划衔接，统筹新型储能下游发展。由西安交通大学在 2020 年创办的储能科学与工程专业是我国乃至世界上最早储能类专业，该专业的设立旨在探索储能领域未来的关键技术，并培养这一领域未来高端的创新人才。华中科技大学程时杰院士在 2023 年成立了武汉产业创新发展研究院先进电化学储能技术研究所，聚焦储能技术，尤其是电化学储能技术的研究与产业发展。

电化学储能器件是以可流动物质作为能量载体的流体电池，是物质传输、离子传输、电子传输相耦合的多尺度、多相复杂体系，其性能由热物理领域的空间能质传递特性，以及电化学领域的界面电化学反应特性共同决定。能源电化学基础介绍了电化学储能器件中非传统电化学问题，包括热力学、动力学、尺寸效应、非对称体系、非对称充放电反应路径、表面现象、混合离子输运等，满足新能源材料与器件、新能源科学与工程等学科专业的教学需求。

通过能源电化学基础学习，建立正确的培养模式、实践教学体系及课程体系，建设能源电化学方向示范性专业课程教材，培养出满足国家需求的新能源材料与器件、新能源科学与工程、储能科学与工程、能源化学工程等学科专业人才，实现为党育人、为国育才的人才培养目标。凝练专业精神，挖掘专业文化底蕴，全面推进专业课程教学工作，初步形成特色鲜明的专业课程体系。

习　　题

1. 查阅相关文献，了解能源电化学发展历史。
2. 能源电化学研究方法的基本原则是什么？
3. 能源电化学研究方法的基本步骤是什么？

第 2 章 能源电化学体系

在当今全球能源转型的浪潮中，能源电化学体系正扮演着至关重要的角色。从锂离子电池到燃料电池，从储能系统到新能源汽车，能源电化学技术的发展为解决能源危机和环境问题带来了新的希望。而在这一领域，中国以习近平新时代中国特色社会主义思想为指导，引领中国能源产业在保障能源安全、推动绿色发展、创新驱动和国际合作等方面不断取得新的成就。

能源电化学是能源与电化学的交叉领域，能源电化学的研究涉及核心部分——化学电源。化学电源就是通过化学反应将化学能转换为电能的装置。化学电源又分为一次电池、二次电池、储备电池和燃料电池。其中，由于二次电池是可以反复使用的，大大提高了资源的利用率，更有利于节能环保。

2.1 电化学体系

电化学体系(electrochemical system)是一种涉及电子导体和离子导体之间形成的带电界面现象的科学领域。在这个体系中，电荷转移的过程不可避免地伴随着物质的变化，即旧物质的消失和新物质的生成。其涉及的电化学反应本质上属于氧化还原反应，但氧化还原反应主要发生在一定区域内，且不需要媒介传质。而电化学反应则发生在不同的电极上，反应过程中产生的离子与电子两种载流子需要通过不同的媒介传输，从而形成电流。其中以自由电子为载流子的导体，主要依靠物体内部自由电子的定向运动导电，该类物体称为第一类导体，如石墨、金属及部分金属化合物等；以离子为载流子的导体，依靠物体内部离子运动导电，称为第二类导体，如电解质溶液、熔融态电解质等。电化学体系中涉及的器件分为三种，即原电池、电解池和腐蚀电池。

2.1.1 原电池

原电池是一种将化学能转换为电能的电池。如图 2-1 所示，原电池由两个电极组成，这些电极浸没在电解质溶液中，并通过外电路与负载 R 连接。原电池正常工作时，阳极和阴极同时自发产生化学反应：阳极上发生氧化反应，失去电子；而阴极则从外电路获得电子发生还原反应。在物理学中，电子在电场的作用下有序地移动，形成电流。电流的方向通常被定义为正电荷的移动方向，即从电势较高的正极向电势较低的负极流动。需要注意的是，这个方向实际上与电子的移动方向相反。在阳极上，氧化反应产生了电子，使得该电极电势降低，成为负极；而在阴极，还原反应消耗了电子，使得该电极电势升高，成为正极。在电池内部(电解质溶液)中由离子进行导电，而外电路中则由电子进行导电。当原电池开始运行，电子由阳极经外电路流向阴极，而电解质溶液中的阴阳离子会分别向阳极和阴极移动，从而在原电池内外形成一个完整的电流回路。整个回路是由导电的金属(第一类导体)和电解质(第二类导体)串联组成的。

平时常用的干电池、蓄电池和燃料电池都是基于原电池原理制成的。由于电池是将储存的化学能直接转换为电能的装置，这些装置无须经过热能状态，不受热机循环效率的限制，而且在使用过程中不会产生额外的污染，因此，电池在现实生活中得到了相当广泛的应用，如手提电话、数码相机、遥控器等设备中。理论上，电池中氧化还原反应的焓变是可以完全转换为电能的，也就是说，理论上化学能转换为电能的效率可以达到100%。然而，实际上，在反应过程中一部分化学能转换为热能，导致实际的效率低于理论值。因此，通

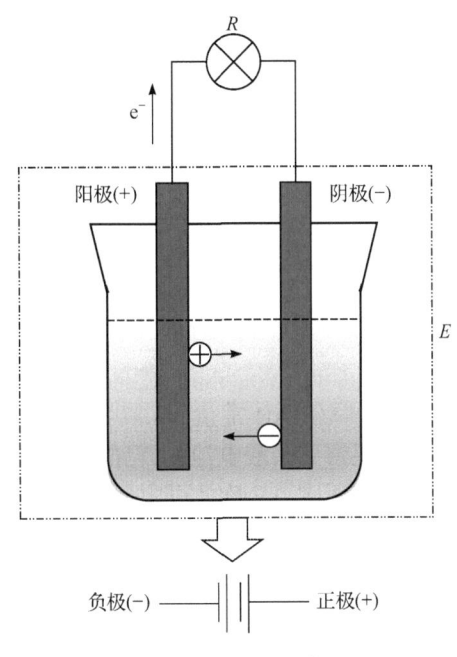

图 2-1 原电池示意图

过电池技术的革新达到更高的能量转换效率，这对推动电池更广泛的应用具有重要意义。

电池能提供的能量取决于其电压和容量，其中电解质的性质(组成、浓度和pH)会显著影响电池的输出电压。电解质在电池中充当离子的传输介质，使离子能在电池内自由移动，从而支持电化学反应的进行。图 2-2(a)描述了铅酸电池中开路电压与电解质(硫酸)相对密度之间的关系。从图中可以观察到，当电解质的相对密度超过 1.05 时，铅酸电池的开路电压随电解质密度的增加而逐渐升高，显示出一定的线性关系。这表明电解质密度的增加导致了更高的离子浓度，进而增强了电池的电动势。电解质中离子的类型和浓度也直接影响电池的电导率，这一点在图 2-2(b)中得到了体现。图中显示了不同浓度的 NaOH 和 KOH 水溶液在15℃时的电导率对比。结果表明 KOH 溶液的电导率普遍高于 NaOH 溶液。

(a) 铅酸电池的开路电压与电解质相对密度的关系

(b) NaOH和KOH水溶液在15℃时的电导率

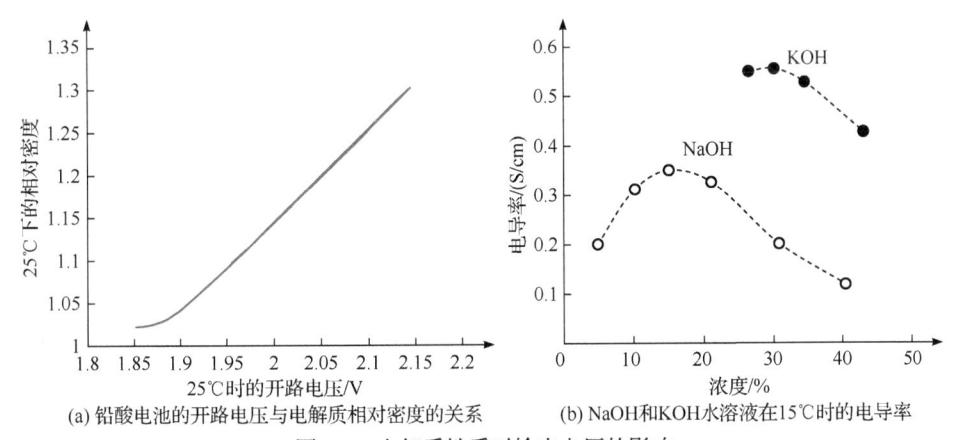

图 2-2 电解质性质对输出电压的影响

原电池充放电过程实际上是通过化学反应而实现的，吉布斯自由能的变化与电池体系的电势之间的关系为

$$\Delta G^\ominus = -nFE^\ominus$$

式中，n 为电极反应中转移电子的物质的量；F 为法拉第常量，96500C/mol；$E^\ominus$ 为标准电势。当放电电流趋于零时，输出电压等于电池电势 $E^\ominus$。

电池的开路电压(E_{ocv})是指外电路没有电流流过时电极之间的电势差。对于铅酸电池，开路电压与电解液浓度和温度的关系为

$$E_{ocv} = 2.047 + RT\ln(a_{H_2SO_4} / a_{H_2O}) / F$$

式中，R 为摩尔气体常量，8.314J/(K·mol)；T 为热力学温度；a 为相应粒子的活度。因此，可以观察到铅酸电池的开路电压随电解质密度的增加而逐渐升高[图 2-2(a)]。

工作电压(E_{cc})又称放电电压或负荷电压，是指有电流通过外电路时正、负极两端的电压。它是电池工作时实际输出的电压，其大小随电流大小和放电程度不同而变化。工作电压总是低于开路电压，因为电流流过电池内部时，必须克服极化电阻(R_p)和欧姆内阻(R_Ω)所造成的阻力，即

$$E_{cc} = E_{ocv} - I(R_p + R_\Omega)$$

电池的工作电压会受放电制度、放电电流、放电时间和环境温度的影响。

2.1.2 电解池

电解池是一种将电能转换为化学能的电池，需要电源提供外在驱动力。

示意图 2-3 中 E 为电源，R 为负载，负载由电解质溶液和两个极板组成。电解池正常工作时，电流从电源 E 的正极经过金属导线流向负载的阳极，该过程中自由电子作为载流子，在负载(电解质溶液和极板)中，电荷是通过正、负离子的定向运动传递的，该过程中正、负离子是载流子。与原电池类似，该回路由第一类导体和第二类导体串联组成。

电解池常用于电镀，如镀锌过程，在阳极(锌板)上发生氧化反应：

$$Zn \longrightarrow Zn^{2+} + 2e^- \qquad (2\text{-}1)$$

$$4OH^- \longrightarrow 2H_2O + O_2\uparrow + 4e^- \qquad (2\text{-}2)$$

负离子 OH^- 所带的负电荷通过氧化反应，以电子的形式传递给锌板，成为金属中的自由电子。

在阴极(镀件)上发生还原反应：

$$Zn^{2+} + 2e^- \longrightarrow Zn \qquad (2\text{-}3)$$

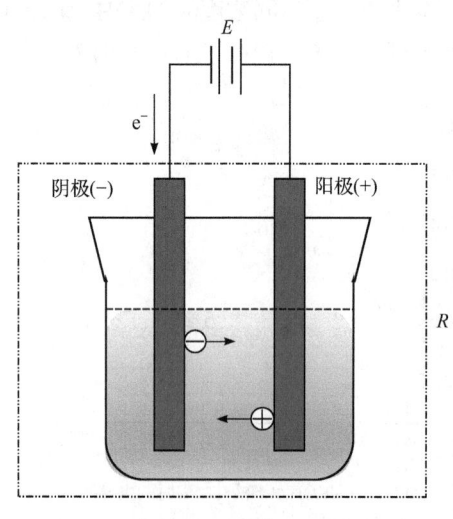

图 2-3 电解池示意图

$$2H^+ + 2e^- \longrightarrow H_2 \uparrow \tag{2-4}$$

正离子 H^+、Zn^{2+} 所带的正电荷通过还原反应，以电子的形式将电能转化为化学能储存在金属锌和氢气中给负极。在电化学中，通常把发生氧化反应(失电子反应)的电极称为阳极；把发生还原反应(得电子反应)的电极称为阴极。因此，电解池中的正极通常称为阳极，负极称为阴极。

在电解过程中槽电压是关键参数，它决定了电解反应的进行和效率。槽电压(U)由多个组成构成：理论分解电压(E_o)、阳极超电势(η_a)、阴极超电势(η_c)和欧姆降(IR)，即

$$U = E_o + \eta_a + |\eta_c| + IR$$

理论分解电压是电解反应所需的最小电压，由热力学原理决定，可通过反应的标准电极电势计算得出。阳极超电势和阴极超电势是由于电极反应动力学的限制，实际所需电压高于理论值的额外电压。欧姆降是电解液、电极和导线等组件的电阻造成的电压降。通过控制电压和电流来实现金属离子的定向沉积。

通过在金属或其他材料样品的表面附着一层金属锌的工艺来保护原有样品。在电镀过程中，镀层金属或其他不溶性材料作为阳极，待镀的材料作为阴极，镀层金属的阳离子在待镀工件表面被还原形成镀层，为了排除其他阳离子的干扰，使镀层均匀、牢固，需用含镀层金属阳离子的溶液作为电镀液，以保持镀层金属阳离子的浓度不变。电镀层非常均匀，通常从几微米到几十微米不等，通过电镀可以在机械制品上获得装饰保护性和各种功能性的表面层，还可以修复磨损和加工失误的工件。此外，电镀技术广泛应用于制造业、汽车工业、电子元件、航空航天等领域，不仅可用于金属表面防护和装饰加工，还可以在电子工业、通信、军工和航天等领域采用功能性电镀技术。

2.1.3 腐蚀电池

19 世纪末有关能斯特电极过程热力学的研究与 20 世纪 30 年代德拜-休克尔溶液电化学的研究分别取得了重大的进展，这两个突破性成果造就了电化学发展史上的两个光辉时期。电化学理论的发展极大地推动了腐蚀电化学的进步，经过电化学、金属学等学科研究学者们的辛勤努力，通过一系列重要而又深入的研究，确立了腐蚀历程的基本电化学规律。例如，1903 年惠特尼(Whitney)首次发现铁在水中的腐蚀与电流流动有关，这一重要发现揭示了腐蚀的电化学本质。1905 年，塔费尔(Tafel)依据实验结果找到了超电势与电流密度的关系式，即塔费尔公式。1932 年，现代腐蚀科学的奠基人伊文思(Evans)及其同事如霍尔(Hoar)等用实验证明了金属表面存在着腐蚀电池，其阳极区和阴极区之间流过的电量与金属的腐蚀量直接有关，发表了许多经典性的著作，揭示了金属腐蚀过程的电化学基本规律。

不同于原电池和电解池，腐蚀电池是一种特殊的电池系统，其无法对外界做有用功且会导致金属材料的破坏。腐蚀电池主要发生电化学腐蚀(electrochemical corrosion)，是指金属表面与电解质溶液发生电化学反应而引起的破坏。在反应过程中不仅发生氧化还原反应，而且有电流产生。电化学腐蚀服从电化学动力学反应的基本规律，即服从电极过程动力学中的基本规律。阳极反应是氧化过程，即电子从金属转移到介质中

并放出电子的过程；阴极反应是还原过程，即介质中的氧化剂组分吸收来自阳极电子的过程。

例如，碳钢在酸中腐蚀时，在阳极区铁被氧化为 Fe^{2+}，所放出的电子由阳极(Fe)流至钢中的阴极(Fe_3C)上，被 H^+ 吸收而还原成氢气，即

阳极反应： $Fe \longrightarrow Fe^{2+} + 2e^-$ (2-5)

阴极反应： $2H^+ + 2e^- \longrightarrow H_2 \uparrow$ (2-6)

总反应： $Fe + 2H^+ \longrightarrow Fe^{2+} + H_2 \uparrow$ (2-7)

可见，电化学腐蚀历程可分为两个相对独立并可同时进行的过程。由于在被腐蚀的金属表面上存在着在空间或时间上分开的阳极区和阴极区，腐蚀反应过程中电子的传递可通过金属从阳极区流向阴极区，其结果必有电流产生。这种因电化学腐蚀而产生的电流与反应物质的转移，可通过法拉第定律定量地联系起来。由上述电化学机理可知，金属的电化学腐蚀实质是短路的电偶电池作用的结果。这种原电池称为腐蚀电池。

金属发生电化学腐蚀的根本原因是溶液中存在着可以使金属氧化的物质，它和金属构成热力学不稳定体系。而腐蚀电池的存在仅仅在于提高金属的腐蚀速率而已，而不是金属发生电化学腐蚀的根本原因。金属发生电化学腐蚀时，金属本身起着将原电池的正极和负极短路的作用。因此，一个电化学腐蚀体系可以看作短路的原电池，这一短路原电池的阳极使金属材料溶解，而不能输出电能，腐蚀体系中进行的氧化还原反应的化学能全部以热能的形式散失。所以，在腐蚀电化学中，将这种只能导致金属材料的溶解而不能对外做有用功的短路原电池定义为腐蚀电池。

由此可知，腐蚀电池的结构和作用原理与一般原电池并无本质区别，但腐蚀电池又有自己的特征，即它是一种短路的电池。金属的电化学腐蚀实质上是短路的电偶电池作用的结果。腐蚀电池工作时也产生电流，但其电能不能得到利用，而是以热的形式释放出来。因此，电化学腐蚀的历程和理论在很大程度上是以腐蚀原电池工作的一般规律的研究为基础，即电极电势和电极过程动力学的理论是研究金属电化学腐蚀的理论基础。

2.2 电化学体系组成及结构

电化学体系通常含有电极和电解质溶液。其中，电极是指与电解质溶液或电解质直接接触的导体，又可细分为二电极体系和三电极体系。三电极体系，顾名思义，由三个电极构成，分别为工作电极(working electrode，WE)、参比电极(reference electrode，RE)和辅助电极(counter electrode，CE)。二电极体系中的参比电极和辅助电极合二为一，所以，利用三电极体系进行电化学测试，得到的结果要相对准确一些。

工作电极，又被称为研究电极，在该电极上发生电化学反应，其可以是固体也可以是液体。常见的固体工作电极有玻璃碳电极和铂电极等，液体工作电极有汞或汞齐电极等。当工作电极为固体时，需适当的电极预处理步骤，以保证实验的重现性。同时，还需满足以下要求：①电极发生的反应不应影响整体所研究的电化学反应；②电极不与溶

剂和电解质反应；③电极表面均一，容易净化，且面积适中。

辅助电极，又被称为对电极，其与工作电极组成回路，使得工作电极上电流畅通，确保所研究的电化学反应在工作电极上发生。辅助电极需要满足以下要求：具有较大的比表面积，以便极化反应主要发生在工作电极上；具有较小的电阻，自身不易被极化。常见的辅助电极有铂(Pt)、金(Au)等。

参比电极，指其电势已知，且接近于理想不极化的电极。参比电极的作用是测定工作电极的电极电势。对参比电极有以下要求：应具有良好的电势稳定性和重现性；可逆性好，交换电流密度高；微小电流通过时，电极电势能够迅速恢复原状等。参比电极主要分为水参比体系和非水参比体系。水参比体系常用的电极有饱和甘汞电极(SCE)、Ag/AgCl电极、标准氢电极(SHE)、氧化汞电极等。非水参比体系常用的电极有 Ag/Ag$^+$(乙腈)电极。使用参比电极时，为了防止溶液间的相互作用，常使用同种离子溶液的参比电极。例如，在 NaCl 溶液体系中采用甘汞电极，在 H$_2$SO$_4$ 溶液体系中采用硫酸亚汞电极等。

三电极体系在能源电化学研究领域应用广泛。例如，有研究者以金电极为工作电极、铂为辅助电极、Ag/AgCl 为参比电极组成了三电极测试系统。其示意图如图 2-4 所示。

三电极整个测量体系由两个回路构成，分别是极化回路，由电化学工作站、电流表 A、辅助电极、工作电极构成的回路；测量回路，由电压表 V、参比电极、工作电极构成的回路。

在极化回路中有极化电流通过，可对极化电流进行测量和控制，电化学工作站为工作电极提供极化电流，电流表用于测量极化电流。由于辅助电极也可能发生极化，加上工作电极和辅助电极之间的电解液可能存在较大的欧姆降，因此极化回路中电压的变化并不能准确反映工作电极的真实电势变化。

测量回路的目的是对工作电极的电势进行精确测量，由于此电路中的测量电流极小(通常小于 10^{-7}A)，几乎不会影响工作电极的极化状态或参比电极的稳定性。

在电化学测量中采用三电极体系确保了在电化学实验中可以同时对工作电极进行准确的电流输入和电势测量，从而提高了实验的准确度和可靠性。因此在绝大多数情况下，采用三电极体系进行测量。

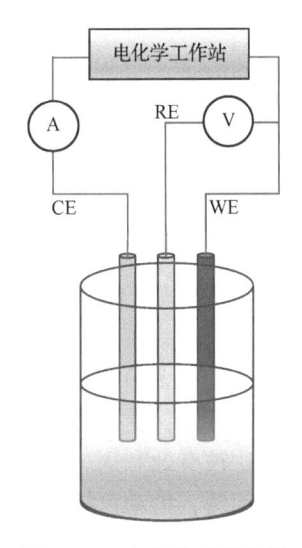

图 2-4 三电极体系示意图

在某些特定情况下，也可以采用二电极体系进行电化学测量。例如，使用微电极作为工作电极，由于微电极的表面积极小，即使通过极小的极化电流，也能在工作电极表面产生足够高的电流密度，从而实现显著的电极极化。而辅助电极的表面积远大于微电极，相同的电流在辅助电极上产生的电流密度低，使得辅助电极基本不发生极化。此外，由于流经电极的极化电流量很小，工作电极与辅助电极之间的溶液中欧姆降也极为有限。因此，在这种配置下，极化回路中的电压变化几乎直接反映了工作电极的电势变化，故二电极体系足以满足测量需求。

电化学体系的另一组件电解质，又称电解质系离子导体，它在电池内正、负极之间通过诸如离子移动，实现电荷的转移，因此它是转移的媒介。典型的电解质是将盐、酸或碱溶解在水或其他溶剂中，以提供离子电导。但也有些电池使用固态电解质，即这类固体材料在电池工作温度下是一种离子导体。电解质必须显示良好的离子导电性，但不应具有电子导电性，否则将造成电池内部短路。此外，它还应具备一系列其他重要特性：不与电极材料发生反应；性能随温度变化较小；处理过程中安全与成本低等。电池中使用的大多数电解质均为水溶液，但也有例外，如在热电池和锂负极电池中则分别采用熔融盐和其他非水电解质，以避免负极与电解质发生反应。

在实际电池中，负极和正极应是绝缘隔开的，以避免内部短路，但其四周应由电解质所环绕。常采用隔膜材料将负极和正极分开，该隔膜应能使电解质穿透，保持期望的离子电导。在某些情况下，电解质应固定不流动，以保证电池不会泄漏。电极中也可以采用导电栅网结构或添加导电物质以减小电池内阻。

2.3 能源电化学储能体系发展历程

能源是人类生存和发展的基石，同时也是国民经济发展的命脉，能源安全事关经济社会发展全局。党的十八大以来，以习近平同志为核心的党中央从国家发展和安全的战略高度，找到顺应能源大势之道，提出能源安全新战略，推动能源消费革命、能源供给革命、能源技术革命、能源体制革命，全方位加强国际合作。我国新型能源体系加快构建，能源保障基础不断夯实，为经济社会发展提供了有力支撑，为世界能源安全和能源发展转型贡献了中国智慧和中国力量。2020年9月，我国提出了"碳达峰、碳中和"的目标和愿景，体现了我国坚持绿色、低碳、可持续发展的决心。实现这一目标的关键在于大力发展太阳能、风能等可再生清洁能源。然而，这些绿色能源由于其间歇性和地域不均的特性，受地理环境的影响较大，直接并网运行时可能会对电网造成冲击，导致电力无法被有效利用。因此，能源的转换和存储已经成为一个全球性挑战。解决新能源的弃电问题，推动可持续能源的开发与利用，高效的能量存储和转换技术成为解决能源危机的关键支撑。储能技术可以分为物理储能和化学储能等。其中，电化学储能技术由于地理环境影响小，电能存储和释放更直接，具有更大的灵活性，因此受到新兴市场和科研领域的广泛关注。

电化学储能是指化学能与电能之间的转换，包括化学能转换为电能、电能转换为化学能以及二者之间可逆转换等。化学能转换为电能的转换器件主要包括燃料电池、一次电池等。电能转换为化学能主要包括直接电解水产生氢气，也包括通过电产生其他储能物质。化学能与电能之间直接可逆转换的器件包括二次电池(如锂离子电池)和超级电容器等，间接转换的器件包括电解水与燃料电池组合而成的系统等。需要注意的是，一次电池(又称干电池)只能单次放电，而二次电池(又称蓄电池)可以多次充放电循环使用。因此，可充电电池具有更高的使用价值。此外，可充电电池还具有可回收性，这意味着它们对环境的影响将大大降低，有助于环境保护。

电化学储能技术起源于1800年的伏打电堆(Voltaic pile)，由意大利化学家伏打发明，这是第一个真正意义上的现代电池。在经过不断的科学技术探索后，逐渐发展为具有代表性的铅酸电池、镍铬电池、锂离子电池等二次电池。本章内容主要围绕二次电池展开。

第一只实用型铅酸电池是Planté在1859年发明的，由两个长条形的铅箔中间夹入粗布条，然后经过卷绕后将其浸入浓度为10%左右的硫酸溶液中制成。由于铅酸电池储存的电量取决于铅箔表面腐蚀转化为二氧化铅所形成的正极活性物质的量，所以前期电池容量很低。但是，由于铅箔上的铅腐蚀产生越来越多的活性物质，而且电极面积也增加，铅酸电池的容量在循环过程中不断提高。1882年，格拉德斯通(Gladstone)和特赖布(Tribe)深入分析了铅酸电池充放电过程中正、负极发生的电化学反应，并首次提出了双硫酸盐化理论。同年，铅酸电池实现商业化。然而，早期的开口式铅酸电池存在一些问题，例如内部流动的硫酸电解液易于在运输过程中溢出，并且在充电时会释放气体和酸雾，对环境、用户和设备都构成一定的危险。此外，由于充电时正、负极分别释放氧气和氢气导致电解液失水，电池需要经常加水维护，使用不便。1957年，西德阳光公司将凝胶电解质技术引入铅酸电池，实现了电解液的固定，从而制成了密封铅酸电池(胶体电池)。经过150多年的研究和改进，铅酸电池在极板、添加剂、隔板材料以及制造工艺等方面都有了革新。虽然铅酸电池生产成本低廉，但其较低的体积能量密度(60~75W·h/L)限制了其在特定市场上的应用。

随着人类社会的持续发展，尤其是电子设备日益追求更薄更轻的设计趋势，开发更小型的电池变得尤为重要。因此，镍镉电池应运而生，由瑞典工程师Jungner在1899年发明，其体积能量密度约为铅酸电池的2倍(50~150W·h/L)。镍镉电池由Cd正极、NiOOH负极、KOH电解液构成，具有较宽的工作温度范围(-20~70℃)，低温性能出色，且循环寿命长，镍镉电池平均可达到500次循环。这是因为活性物质虽然在充放电期间发生了氧化还原反应，但其物理状态几乎未变。同样，电解质的浓度变化很小。正、负极上的活性物质在充电状态和放电状态下都几乎不溶于碱性电解质，始终呈固态，并且在氧化还原过程中也不溶解，同时成就了镍镉电池的高倍率放电性能。然而，环境保护一直以来都是科技发展过程中至关重要的一点，镍镉电池中含有有毒的镉，需要特殊处理以避免环境污染。1901年，Edison将镉替换为铁，成功发明了镍铁电池。镍铁电池不含有毒物质，更易回收，虽然其能量密度低(约30W·h/L)，但相较于镍镉电池，表现出较高的耐用性，通常可以使用数十年。

1976年奥弗辛斯基(Ovshinsky)发明了镍氢电池，它既可以满足较高的能量密度(140~300W·h/L)，又满足环保要求，是镍铁电池和镍镉电池的改良版。镍氢电池的负极由金属氢化物构成，选材上需满足一系列性能要求，包括储氢能力、适中的金属-氢气键合强度及一定的催化活性和放电动力学，同时还要具有抗氧化/腐蚀能力。镍氢电池通常有圆柱形和方形两种基本结构，各自适合不同的应用场景。对于容量小于10A·h的设备，圆柱形电池更为常见，主要是因为其生产成本较低且制造速度较快。然而，当电池容量超过20A·h时，圆柱形结构的设计和制造变得相对困难，方形电池因其易于大规模生产而更受青睐。对于容量在 10~20A·h 之间的应用，两种结构都可以使用，但方形结构通常更为普遍，这种选择取决于具体应用的需求和成本效益分析。

在 20 世纪 70 年代中期，暂时的石油短缺推动了电动汽车的初步发展。到了 90 年代初，由于对城市空气质量的日益关注，电动汽车的研发和使用再次得到重视。镍氢电池由于出色的整体性能、可靠性以及成本效益，已成为混合动力车(HEV)电池的首选之一。镍氢电池在 HEV 中占据主导地位，这归功于它的高能量、高功率、宽广的工作温度范围和低成本等综合性能优势。然而，随着 1991 年具有更高能量密度(250~730W·h/L)的锂离子电池商业化，市场上一些曾经由镍镉电池和镍氢电池主导的领域，如便携式计算机和移动电话，现在逐渐转向使用锂离子电池。这种转变主要是由于锂离子电池在能量密度、质量和充电速度等方面的优势。

锂离子电池是采用储锂化合物作为正、负极材料构成的电池。典型的正极材料是 $LiCoO_2$，负极材料是焦炭。由于电池充电与放电时，锂离子(Li^+)在正、负极间进行交换，所以锂离子电池又称摇椅式电池。锂离子电池市场从初始的研究与开发走向市场销售，已经取得了极大增长，特别是在汽车部分应用获得较大增长。电池性能持续得到提高，使锂离子电池成为应用范围越来越多元化的产品。为了满足市场需求，已经发展出一系列设计和形状的产品，包括卷绕圆柱形、卷绕方形、平板或"叠层"方形以及"袋式"(铝塑膜封装)设计，电池容量从小到 0.1A·h，大到 160A·h。在每种形状中，电池可以采用液态电解质、聚合物或聚合物胶体电解质。这些电池的应用涵盖消费电子，如手机、笔记本计算机和数码相机、电动工具、电动自行车和摩托车以及军事装备等领域。随着电气化和电网等大型应用的发展，越来越多的技术和设备依赖于电力，包括电动车、储能系统和电网的现代化。这些应用通常需要高效能、高容量的电池系统以支持长时间的稳定运行和高效的能量存储。虽然锂离子电池的能量密度已经相当高，但对于某些要求极高续航能力的应用，如长途电动车和某些工业级应用，现有的能量密度仍有提升的需求。另外，关键材料(如钴)价格高昂且供应有限，这增加了电池的整体成本，且目前商业化的锂离子电池普遍使用有机电解液作为电解质，这种电池存在漏液及易燃易爆的风险，特别是在高温或大电流的工作条件下，可能会导致严重的安全事故。因此，目前的锂离子电池技术还未能完全满足当前能量存储的性能、成本、安全性和可扩展性要求。在移动式和中大型储能领域，开发"下一代电池"技术以提高电池的安全性、增加能量密度，以及进一步降低成本和提升环境友好性显得尤为关键。电化学储能技术正在向下一代电池技术转型，这包括钠离子电池、锌离子电池、金属-空气电池以及锂硫/钠硫电池等多种技术。

在能源电化学储能体系发展中，中国凭借其强大的产业基础、持续的创新能力以及有力的政策支持，展现出了令人瞩目的优势。

一是庞大的市场需求和产业规模。中国作为全球最大的能源消费国之一，对清洁能源的需求日益增长，这为电化学能源产业的发展提供了广阔的市场空间。无论是新能源汽车的销量还是储能设备的安装量，中国都位居世界前列。庞大的市场需求催生了完整的产业链，从原材料开采、电池制造到终端应用，中国在各个环节都形成了规模庞大且高度专业化的产业集群。例如，在锂离子电池领域，中国拥有众多知名的电池生产企业，其产能和技术水平在全球范围内具有强大的竞争力。这种规模效应不仅降低了生产成本，提高了产品质量，还促进了技术的快速迭代和创新。

二是领先的技术研发和创新能力。中国在能源电化学领域的技术研发投入持续增加，取得了一系列重要突破。在新型电池技术方面，如固态电池、钠离子电池等，中国的研究团队处于国际前沿。同时，中国在电化学能源与人工智能、大数据等新兴技术的融合应用方面也取得了积极进展，通过智能算法优化电池性能和寿命预测，提高了能源系统的整体效率和可靠性。

三是丰富的资源储备和原材料供应。能源电化学体系的发展离不开关键原材料，如锂、钴、镍等，中国拥有丰富的矿产资源，同时在原材料的加工和提炼方面也具备强大的产业能力，这为保障国内电化学能源产业的原材料供应提供了坚实的基础，降低了对进口的依赖，增强了产业的稳定性和安全性。

能源电化学体系的发展历程主要围绕能量密度的不断提升展开。能量密度越高，意味着在相同质量或体积下，储能设备可以存储更多的能量。接下来介绍电池的理论容量和能量密度的定义和计算。

2.4 电化学储能体系理论容量和能量密度

电池的容量是指在一定的放电条件下可以从电池获得的电量，电量单位一般为 A·h 或 mA·h。容量分为理论容量、额定容量和实际容量。其中，理论容量(C_0)是指电池正、负电极中的活性物质全部参与氧化还原反应形成电流时，根据法拉第电解定律计算得到的电量。锂离子电池电极活性物质的理论容量可用下式表示：

$$C_0 = F'n\frac{m_0}{M} \tag{2-8}$$

式中，C_0 为理论容量，单位为 A·h；F' 为经换算以 A·h/mol 为单位的法拉第常量，$F' = 26.8$ A·h/mol；m_0 为活性物质的质量，单位为 g；M 为活性物质的摩尔质量，单位为 g/mol；n 为氧化还原反应得失电子数。

为了更直观地对比单位质量或单位体积的各电极材料在理想条件下所能存储或释放的电量，人们常常计算理论比容量，包括质量比容量 C_m 和体积比容量 C_V，理论比容量与理论容量类似，但是没有乘以活性物质的质量或体积。以质量比容量为例，锂离子电池电极活性物质的质量比容量可用下式表示：

$$C_m = \frac{F'n}{M} \tag{2-9}$$

在诸多锂离子电池正极材料中，具有代表性的且已实现商业化的正极材料主要有 $LiCoO_2$、NCM($LiNi_{1/3}Co_{1/3}M_{1/3}O_2$)、$LiMn_2O_4$、$LiFePO_4$ 和 NCA($LiNi_{0.8}Co_{0.15}Al_{0.05}O_2$)。表 2-1 为这五种典型正极材料的主要性能参数。

表 2-1 典型正极材料的晶体结构与质量比容量

电极材料	晶体结构	氧化还原元素	质量比容量/(mA·h/g)
$LiCoO_2$	层状	$Co^{3+/4+}$	274
$LiFePO_4$	橄榄石	$Fe^{2+/3+}$	170
$LiNi_{1/3}Co_{1/3}Mn_{1/3}O_2$	层状	$Ni^{2+/3+}$、$Ni^{3+/4+}$、$Co^{3+/4+}$	273~285
$LiMn_2O_4$	尖晶石	$Mn^{3+/4+}$	148
$LiNi_{0.8}Co_{0.15}Al_{0.05}O_2$	层状	$Ni^{2+/3+}$、$Ni^{3+/4+}$、$Co^{3+/4+}$	~274

这里以 $LiCoO_2$ 为正极举例说明锂离子电池活性物质理论容量和比容量的具体计算方法。锂离子电池的正极为 $LiCoO_2$ 时，1mol $LiCoO_2$ 的理论容量为 26.8A·h/mol× 1mol=26.8A·h=26800mA·h，1mol $LiCoO_2$ 的理论质量比容量为 26800mA·h/(6.94+ 58.93+16×2)g=273.83mA·h/g，即活性物质 $LiCoO_2$ 的比容量为 273.83mA·h/g。

在电池评价方面，能量密度也是衡量电池在单位质量或单位体积中能够存储的能量的关键指标，同样地，分为质量能量密度(W·h/kg)和体积能量密度(W·h/L)。它结合了电池的工作电压(V)和比容量(A·h/g 或 A·h/L)，通常情况下由电池电压与比容量的乘积而得。如 $LiCoO_2$，其工作电压为 3.7V，那么 $LiCoO_2$ 的能量密度为 3.7V×273.83mA·h/g= 1013.71W·h/kg。但是，$LiCoO_2$ 的活性锂并不多，这导致其实际的能量密度并未达到 1013.71W·h/kg。

基于此，科研人员的研究方向更偏向于提高电池的能量密度，仅仅研究单价态变化的锂离子电池已经不能满足日益增长的需求，市场要求科研人员对更多类型的电池展开研究。本章以下几节将详细展开对锂离子电池、钠离子电池、多价金属离子电池，以及新型储能电池的介绍。

2.5 锂离子电池

2.5.1 概述

锂离子电池是一种二次电池(充电电池)，它主要依靠锂离子在正极和负极之间移动来工作。20世纪70年代，惠廷厄姆(Whittingham)提出并开始研究锂离子电池。1991年，由日本索尼公司发明了以碳材料为负极，以含锂的化合物作正极的商业用锂电池，在充放电过程中没有金属锂存在，只有锂离子，这就是锂离子电池。随后，由于锂离子电池具有优良性能和环境友好等特点，此类以钴酸锂作为正极材料的电池革新了消费电子产品的面貌，广泛使用在照相机、计算器、手表等便携电子器件领域。

锂离子电池有许多的优点，如电压高、能量密度大、循环寿命长、自放电小、可快速充电等。同时，也存在着一些不足，如不耐受过充电、不耐受过放电、资源短缺等。近年来，锂离子电池已推广应用于水力、火力、风力等储能电源系统，电动工具、电动汽车、军事装备、航空航天等多个领域。未来，锂离子电池仍然具有广阔的发展前景。

一方面，可以通过改进材料和结构设计，提高电池的能量密度和功率密度，以满足不断增长的电子设备和电动交通工具对电池性能的要求；另一方面，发展新型的具有更高安全性、更高能量密度和更低成本的电池技术，如固态电池、锂硫电池等，有望推动电动车辆的发展和能源存储领域的革新。

2.5.2 锂离子电池的分类和工作原理

锂离子电池的充放电过程就是锂离子的嵌入和脱嵌过程，同时伴随着与锂离子等当量电子的嵌入和脱嵌(习惯上正极用嵌入或脱嵌表示，而负极用插入或脱插表示)，被形象地称为"摇椅电池"。锂离子电池正极材料的电化学性能是制约锂离子电池发展的瓶颈之一，开发高性能的正极材料是锂离子电池发展的关键所在。

锂离子电池主要依靠锂离子在正极和负极之间移动来工作。在充放电过程中，锂离子在两个电极之间往返嵌入和脱嵌：充电时，锂离子从正极脱嵌，经过电解质嵌入负极，负极处于富锂状态；放电时则相反，嵌在负极碳层中的锂离子脱出，又运动回正极，回正极的锂离子越多，放电容量越高。目前商业用正极材料很多，以磷酸盐系正极材料为例，放电时锂离子嵌入，充电时锂离子脱嵌。

充电时发生的反应为

$$LiFePO_4 \longrightarrow Li_{1-x}FePO_4 + xLi^+ + xe^- \tag{2-10}$$

放电时发生的反应为

$$Li_{1-x}FePO_4 + xLi^+ + xe^- \longrightarrow LiFePO_4 \tag{2-11}$$

负极材料多采用石墨等碳材料，充电时锂离子插入，放电时锂离子脱插。

充电时主要反应为

$$xLi^+ + xe^- + 6C \longrightarrow Li_xC_6 \tag{2-12}$$

放电时主要反应为

$$Li_xC_6 \longrightarrow xLi^+ + xe^- + 6C \tag{2-13}$$

锂离子电池通常由正极、负极、隔膜、电解液以及壳体等几个部分组成。正、负极通常采用一定孔隙的多孔电极，主要由集流体和粉体涂覆层构成。负极极片采用铜箔作为集流体，正极极片采用铝箔作为集流体，正、负极粉体涂覆层由活性物质粉体、导电剂、黏结剂及其他助剂构成。活性物质粉体间和粉体颗粒内部存在的孔隙可以增加电极的有效反应面积，降低电化学极化。同时，由于电极反应发生在固-液两相界面上，多孔电极有助于减少锂离子电池充电过程中枝晶的生成，有效防止内短路。图 2-5 为电极结构图。

电解液的溶质常采用锂盐，如高氯酸锂($LiClO_4$)、六氟磷酸锂($LiPF_6$)、四氟硼酸锂($LiBF_4$)。由于电池的工作电压远高于水的分解电压，因此锂离子电池常采用有机溶剂，如乙醚、乙烯碳酸酯、丙烯碳酸酯、二乙基碳酸酯等。有机溶剂常常在充电时破坏石墨的结构，导致其剥脱，并在其表面形成固态电解质(solid electrolyte interphase，SEI)膜导

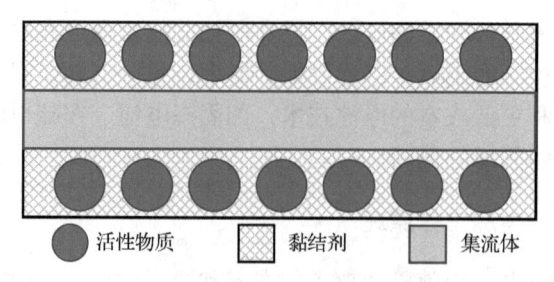

图 2-5 锂离子电池电极结构图

致电极钝化。有机溶剂还存在易燃、易爆等安全性问题。

锂离子电池的分类方法有很多，可以按外形、壳体材料、正极材料、负极材料、电解液和用途等进行分类。

(1) 按外形分类：圆柱形(如 18650)、方形、软包(如手机电池)。
(2) 按壳体材料分类：钢壳、铝壳、铝塑膜。
(3) 按正极材料分类：钴酸锂(LCO)、锰酸锂(LMO)、镍酸锂、磷酸铁锂(LFP)、三元[镍钴锰酸锂(NCM)、镍钴铝酸锂电池(NCA)]。
(4) 按负极材料分：钛酸锂(LTO)电池、石墨烯电池、纳米碳纤维电池。
(5) 按电解质分类：液态电池(LIB)、聚合物(干态/胶态-电解质)电池(PLB)、全固态锂离子电池(ASSLB)。
(6) 按实用性能分类：能量型(如高能量存储)和功率型(如短时高功率输出)。
(7) 按性能特性分类：高容量、高倍率、高温、低温电池。

2.6 钠离子电池

2.6.1 概述

钠离子电池(sodium-ion battery)是一种二次电池，主要依靠钠离子在正极和负极之间移动来工作，与锂离子电池工作原理相似。钠离子电池研究最早开始于 20 世纪 80 年代前后，早期被设计开发出来的电极材料如 MoS_2、TiS_2 以及 Na_xMO_2 电化学性能不理想，发展非常缓慢。2010 年以来，根据钠离子电池特点设计开发了一系列正、负极材料，在容量和循环寿命方面有很大提升，如作为负极的硬碳材料、过渡金属及其合金类化合物，作为正极的聚阴离子类、普鲁士蓝类、氧化物类材料，特别是层状结构的 Na_xMO_2(M=Fe, Mn, Co, V, Ti)及其二元、三元材料展现了很好的充放电比容量和循环稳定性。

尽管钠离子电池工作原理与锂离子电池工作原理相似，但对钠离子电池的研究可以借鉴锂离子电池的研究经验却无法完全复制。所以，寻找适合钠离子电池的材料，构建合适的钠离子电池体系是其走向实用化的关键。近年来，国内外对钠离子电池的核心材料体系(正极、负极、电解液和隔膜)、重要辅助材料(黏结剂、导电剂和集流体)、关键电池技术(非水系、水系和固态电池)以及分析表征、材料预测和失效机制等方面的研究取得了一系列进展，为钠离子电池的商业化奠定了坚实的基础。

相较于锂离子电池而言,钠离子电池具有原材料丰富、成本低、充电速度快、安全性高、高低温性能优越等优势,但同时也有能量密度低、循环寿命短、研发生产技术不成熟等劣势,要实现高安全、低成本、高能量、高功率密度和长寿命的目标,才能实现钠离子电池的大规模产业化。综合来看,钠离子电池作为储能电池的前景还是非常可观的,由于其成本低廉、稳定性高,能够满足大规模能源存储系统的需求,为电网平衡和储能系统提供可靠支持,同时在低速电动车市场能够实现部分地取代锂离子电池和铅酸电池。钠离子电池在实际应用中仍面临一些挑战:一是技术挑战,包括提高能量密度、提高循环稳定性等方面的技术难题;二是产业化挑战,需要建立完善的产业链和供应链体系,降低生产成本,提高市场竞争力。此外,政策和市场环境也会影响钠离子电池的市场应用,需要政府和企业共同努力,制定支持政策,推动钠离子电池技术的发展和应用。

2.6.2 钠离子电池的分类与工作原理

钠离子电池的构成主要包括正极、负极、隔膜、电解液和集流体。正、负极之间由隔膜隔开以防止短路,电解液浸润正、负极确保离子导通,集流体则起到收集和传输电子的作用。充电时,Na^+从正极脱出,经电解液穿过隔膜嵌入负极,使正极处于高电势的贫钠态,负极处于低电势的富钠态。放电过程则与之相反,Na^+从负极脱出,经由电解液穿过隔膜嵌入正极材料中,使正极恢复到富钠态。为保持电荷的平衡,充放电过程中有相同数量的电子经外电路传递,与Na^+一起在正、负极间迁移,使正、负极分别发生氧化和还原反应。图 2-6 为钠离子电池工作原理图。

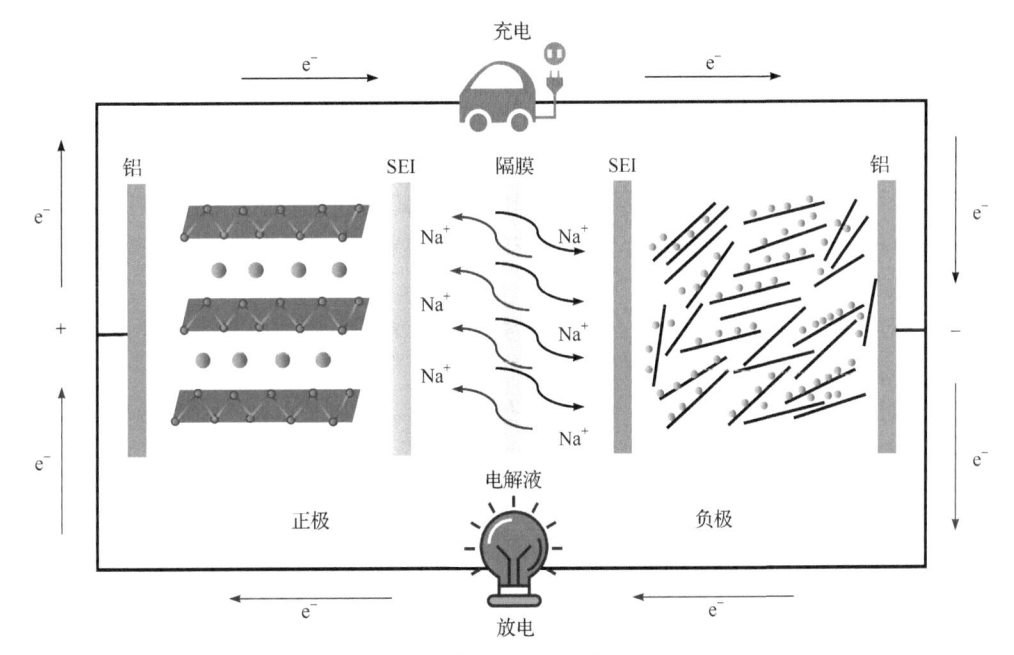

图 2-6 钠离子电池工作原理图

若以Na_xMO_2为正极材料,硬碳为负极材料,则电极和电池反应式可分别表示为总反应: $$Na_xMO_2 + nC \rightleftharpoons Na_{x-y}MO_2 + Na_yC_n \tag{2-14}$$

正极反应: $$Na_xMO_2 \rightleftharpoons Na_{x-y}MO_2 + yNa^+ + ye^- \tag{2-15}$$

负极反应: $$nC + yNa^+ + ye^- \rightleftharpoons Na_yC_n \tag{2-16}$$

其中，正反应为充电过程，逆反应为放电过程。理想的充放电情况是 Na^+ 在正、负极材料间的嵌入和脱出不会破坏材料的晶体结构，充放电过程发生的电化学反应是高度可逆的。钠离子电池的工作电压与构成电极的钠离子嵌入化合物的种类以及电极材料的钠含量有关。正极材料应选择具有较高嵌钠电势且富含钠的化合物，该化合物既要提供充放电反应过程在正、负极之间嵌入/脱出循环所需要的钠，又要提供在负极表面形成固态电解质中间相所需要的钠；负极材料应尽可能选择电势接近标准 Na^+/Na 电极电势的可嵌入钠的材料。

在理想情况下，电池能输出的最大有用功等于电池反应的吉布斯自由能变化 ΔG，为钠离子在正、负极间的化学势之差，因此，钠离子电池的电动势：

$$E = -\Delta G / (nF) = (\mu^- - \mu^+) / F \tag{2-17}$$

式中，μ^- 和 μ^+ 分别代表钠离子在负极和正极材料表面的化学势；F 为法拉第常量(96485C/mol)。由此可见，要获得较高的电动势，就必须选择合适的正、负极材料，提高钠离子在两电极间的化学势差。

针对正极材料，由于钠和过渡金属离子之间较大的半径差异，有许多功能性的结构都可以实现钠离子的可逆脱嵌。按照正极材料进行分类主要有：层状过渡金属氧化物(Na_xTMO_2 等)、聚阴离子化合物[$Na_3V_2(PO_4)_3$ 等]、普鲁士蓝类似物(PBA，$Na_2M[Fe(CN)_6]$，其中 M=Fe, Co, Mn, Ni, Cu 等)、基于转化反应的材料以及有机正极材料等。在上述材料类型中，层状过渡金属氧化物、聚阴离子化合物、普鲁士蓝类似物是目前最具发展前景的三类材料。

(1) 针对负极材料进行分类，目前开发出了金属氧化物[$Na(Fe,Ti)O_4$、TiO_2、$Na_2Ti_3O_7$ 等]、有机负极材料、基于转化及合金化反应的负极材料(Sb 基、P 基等)、碳基材料(硬碳和软碳)四大类。

(2) 针对电池电解液进行分类，目前开发出的钠离子电池的电解质与锂离子电池同样丰富，包括水系、有机系、固态三大类。

(3) 针对电池体系，钠离子电池还可以分为有机系钠离子电池、水系钠离子电池、钠硫电池、钠盐电池、钠-空气电池等。

2.7 多价金属离子电池

2.7.1 概述

多价金属离子电池因其高安全性和低成本等特质，成为当前用于大规模储能系统的理想选择之一。由于多电子氧化还原反应产生的高容量(特别是体积容量)和丰富的原料来源，多价金属作为一种有前途的电能存储技术，引起了广泛关注。特别是，它们与不可燃的水性电解质兼容，暴露在环境中反应性低，因此，预计多价金属离子电池比锂离子电池更安全。相比于锂金属，多价金属作为电荷载体可以携带更多的电荷，理论上具有更高的比容量和能量密度，具有满足大规模储能需求的潜力。多价金属离子电池的电化学原理与碱金属离子电池相似，属于"摇椅电池"，充放电过程都涉及离子的可逆嵌入和脱出。多价金属离子电池中以锌离子电池研究最为深入，还包括镁离子电池、钙离子电池和铝离子电池等。近年来，这些电池的光明前景引起了越来越多科研工作者的研究兴趣。接下来，简要介绍了几种多价金属离子电池的原理及优缺点。

2.7.2 镁离子电池

在元素周期表中，镁与锂处于对角线位置，两者有相似的化学性质。与金属锂相比，金属镁具有资源丰富、提纯工艺简单、成本低廉等优点。镁离子电池因镁资源储量丰富、体积能量密度大、金属镁在空气中相对稳定等优势，被认为具有大规模储能应用潜力的电池体系。同时，镁离子的二价特性使得其可以携带和存储更多的电荷，具有更高体积比容量(3833mA·h/cm^3)和理论能量密度(150~200W·h/kg)。

镁离子电池与锂离子电池工作原理相似。与一次电池类似，镁离子二次电池也由三部分组成：镁负极、电解液、能嵌入镁的正极材料。充电时，镁离子从正极活性物质中脱出，在外电压的驱使下经由电解液向负极迁移，镁离子嵌入负极活性物质中。因电荷平衡，等量的电子在外电路的导线中从正极流向负极。充电的结果是负极处于富镁态，正极处于贫镁态的高能量状态，放电时则相反。外电路的电子流动形成电流，实现化学能向电能的转换。同时，相较于锂离子电池，镁离子电池相对安全，在充放电循环过程中负极不会出现镁枝晶，不会出现类似于锂离子电池中的锂枝晶生长刺穿隔膜并导致电池短路起火、爆炸等现象。图 2-7 为镁离子电池工作原理示意图。

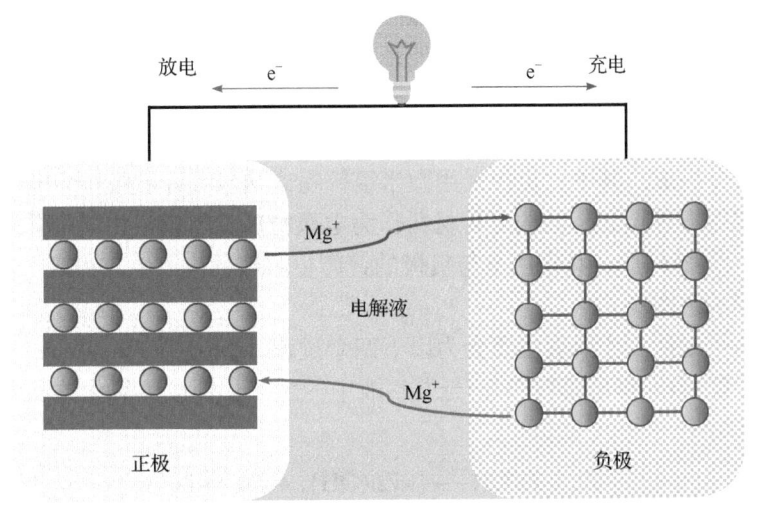

图 2-7 镁离子电池工作原理示意图

镁离子电池正极主要包括正极材料、导电助剂、集流体和黏结剂，是电池的核心部件。

理想的镁离子二次电池正极材料要满足容量大、电压平台高、可逆性好、循环效率高、安全稳定、易于制备等要求。目前镁离子电池正极材料的研究主要集中在过渡金属硫化物、过渡金属氧化物、聚阴离子型化合物、硫及硫族化合物、有机物以及复合材料等。

电解质是镁离子二次电池中镁离子传输的载体，通过电子转移或者离子转移提供电化学性能。电解质的电压窗口会影响正极材料的选择，而且电解液对电池的电化学性能也有着显著的影响。理想的电解质能提供稳定且较宽的电化学窗口，保证镁离子进行可逆的溶解和沉积，使镁离子具有较高的扩散迁移效率。锂离子电池电解质溶液通常是通过溶解简单的盐与阴离子[如高氯酸根(ClO_4^-)和六氟磷酸根(PF_6^-)]在碳酸盐/非质子溶剂中制备的，锂离子可以从这些溶剂中可逆脱嵌。然而，镁金属在非质子溶剂中会在负极表面形成钝化层，这对镁离子的电化学迁移和可逆的沉积、溶解是不利的。因此，开发一种既可以实现镁的可逆沉积又不会产生钝化层的电解液对于镁离子电池的发展十分重要。目前，镁离子电池电解质材料按照相态可分为液态电解质和固态电解质。

镁离子电池具有资源丰富、环境友好、能量密度高、成本低、安全性高等优势，同时也具有一定的劣势：一是镁离子较高的电荷密度和较强的溶剂化作用导致其在正极材料中的可逆脱嵌和固-液界面上的离子扩散相当缓慢，严重影响了镁离子电池的电化学性能；二是镁的钝化问题会阻碍氧化还原反应的发生，尤其是在极易还原的电解质中，为了防止镁负极的钝化，大部分镁离子二次电池的研究使用由复杂盐和有机溶剂组成的非水液态电解质；三是镁离子电池电压滞后，并且在放电期间一旦镁负极保护膜遭到破坏，就会同时发生腐蚀反应及生成氢气和热量，部分放电后镁电池会失去良好的储存性能，不宜长期间歇放电使用。

2.7.3 锌离子电池

近年来，作为新兴的、极具发展前景的可替代储能技术，锌离子电池(ZIBs)因其丰富的自然资源、内在的安全性和成本低廉而备受关注。尤其是在锌离子电池中使用水系电解质，在便携式电子应用和大规模储能系统上展示出巨大潜力。水系锌离子电池是一种新兴的高效能源存储设备，它利用锌离子在水中的高浓度稳定性和可逆性，实现了可靠的电池循环能力，成为新一代高效、环保的电池技术。水系锌离子电池由负极、正极和电解液三部分组成。其中，负极采用微米级锌粉或纳米级锌质膜作为电极材料；正极采用由铁、镍等多种金属组成的复合材料作为电极材料；电解液由氢氧化钾(KOH)或氢氧化钠(NaOH)溶液构成，其作用是与负极的锌产生溶解反应，生成锌离子。图2-8为锌离子电池结构示意图。

水系锌离子电池工作原理主要分为以下四个过程。

第一步，负极(即锌质膜或锌粉)与电解液中的氢氧化钾或氢氧化钠反应，产生氢气和锌离子(Zn^{2+})：

$$Zn + 2KOH \longrightarrow Zn(OH)_2 + 2K^+ + 2e^- \tag{2-18}$$

第二步，锌离子经电解液中的离子通道流向正极，同时为中间环节的液态铁阳极提供电子：

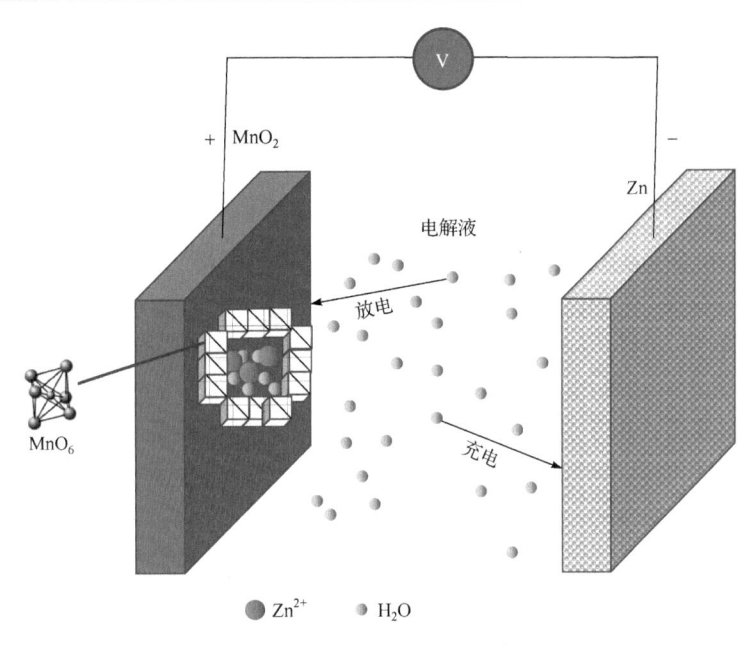

图 2-8 锌离子电池结构示意图

$$Fe^{3+} + e^- \longrightarrow Fe^{2+} \tag{2-19}$$

第三步，锌离子进入正极，通过将锌离子还原成锌晶格，在正极上储存电子，同时释放出氢气：

$$Fe^{3+} + Zn^{2+} + 3e^- \longrightarrow Fe^{2+} + Zn \tag{2-20}$$

第四步，反应完毕后，氢氧化钾或氢氧化钠继续在负极和正极之间进行离子传输，形成电路，使电池处于充电或放电状态。

水系锌离子电池具有很高的能量密度和功率密度，其循环寿命可达数千次，因此被广泛应用于物联网、能源网络等领域。其优势主要体现在以下几个方面。

(1) 成本低：锌材料成本低，电极材料的制备简单，工艺成熟，可以大面积制备。

(2) 环保：锌是一种广泛存在于大自然中的金属元素，无污染，不会污染环境，因此在绿色能源的领域具有广泛应用前景。

(3) 能量密度高：水系锌离子电池与锂离子电池、铅酸电池相比，具有更高的能量密度，可以更好地满足短时高功率需求。

虽然锌离子电池有很明显的优势，但水系锌离子电池在正极和负极方面仍然面临着巨大的挑战。例如，正极溶解、静电相互作用产生的不良影响、锌枝晶、腐蚀、钝化和副产物等问题都可能会导致水系锌离子电池容量衰减、库仑效率低和短路等，这严重制约了水系锌离子电池的发展和商业化。

2.8 新型电化学储能体系

新型储能是助力实现"双碳"目标的重要支撑，是保障能源供给安全的重要手段，是建设新型电力系统的关键要素，是培育战略性新兴产业的重要方向，具有广阔的发展前景。除了本章前面介绍的各类离子电池外，许多其他类型的电池随着科学技术的发展展现了良好的市场前景。本节简要介绍几种其他类型的储能体系。

2.8.1 金属-空气电池

金属-空气电池(metal-air battery)是一种以金属作为阳极，空气中的氧气作为阴极活性物质的电池。金属-空气电池的工作原理类似于普通电池，即在阳极和阴极之间通过化学反应来产生电能。但与普通电池不同的是，金属-空气电池需要从空气中获得阴极活性物质，通常是氧气。金属-空气电池具有以下优点。

(1) 能量密度高：由于它们使用大气中充足的氧气作为阴极活性物质，金属-空气电池的能量密度比其他类型的电池更高，因此可以提供更长的续航里程。

(2) 环境友好：金属-空气电池的废弃物为金属氧化物和水，无毒无害，对环境也不会产生危害。

(3) 安全性高：金属-空气电池不存在易燃、易爆等安全隐患，相对较为安全可靠。

金属-空气电池的正极通常为氧气，负极为过渡金属(铁、锌、镁、铝、锂、钠、钾等)，其中，锂-空气电池的理论能量密度最高。这里以可充放电的锂-空气电池为例，简单介绍金属-空气电池的原理和分类。

锂-空气电池是一种用金属锂作为负极，以空气中的氧气作为正极的电池，属于一种锂金属电池。锂-空气电池比锂离子电池具有更高的能量密度，因为其阴极(以多孔碳为主)很轻，且氧气从环境中获取而不用保存在电池里。锂-空气电池的主要优势来源于其可与汽油相媲美的极高能量密度，根据电解质的不同，可以将锂-空气电池分为非水系、水系、混合体系以及固态体系四类。

图 2-9 锂-空气电池的不同体系结构示意图，正极侧的放电产物与所使用的电解液有关，在有机电解液中形成固态的 Li_2O_2，而在水系电解液中则生成水溶性的 LiOH。下面针对非水系、水系、混合体系、固态体系四种体系进行简要介绍。

(1) 非水系(或有机体系)锂-空气电池采用有机溶液作为电解质，它与金属锂具有一定的化学相容性。1996 年，Abraham 等采用金属锂片作为负极，碳复合材料作为空气正极，聚丙烯腈凝胶聚合物作为电解质，首次得到了可逆的锂-空气电池。非水系(或有机体系)锂-空气电池具体的反应如下：

$$2Li + O_2 \longrightarrow Li_2O_2 \quad (2\text{-}21)$$

$$4Li + O_2 \longrightarrow 2Li_2O \quad (2\text{-}22)$$

虽然该体系锂-空气电池的理论充放电平台为 2.96V，但是在充放电过程中存在明显的超电势，一般总的极化电压在 1.0V 以上。有机体系锂-空气电池中，正极一侧的本征反应是氧还原反应(ORR)以及氧析出反应(OER)，所以面临着一些问题，例如，正极侧需要高效的催化剂来推动反应的进行。放电过程中若没有催化剂存在，氧还原过程发生得非常缓慢，这会导致放电电压平台低；充电时氧析出反应更慢，当充电电压达到 4V 以上，则会导致电解液发生分解。同时，在空气电极一侧，放电产物 Li_2O_2 不溶于有机电

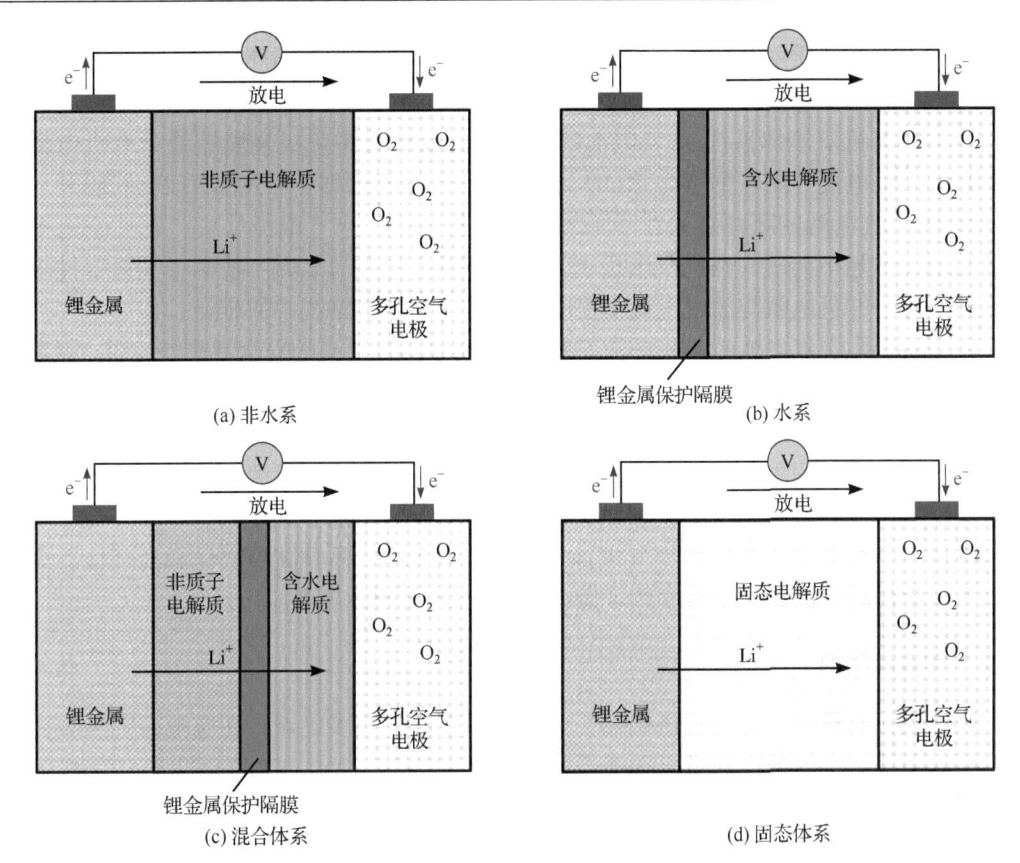

图 2-9 锂-空气电池的不同体系结构示意图

解液,会堵塞空气电极中的部分孔道,导致空气电极失活和放电困难。锂-空气电池是开放性系统,电池中的有机电解液易挥发、氧化,而且需要去除空气中的 H_2O 和 CO_2。虽然锂-空气电池在多方面取得了一些进展,但离实际应用还相去甚远。

(2) 水系锂-空气电池是由 Littauer 等在 20 世纪 70 年代提出的,所采用的电解液为 LiOH 的水溶液。水系锂-空气电池,电解液是不同酸碱度的各种水溶液,在酸性和碱性不同的电解液中,电池发生的化学反应也不同。

酸性溶液: $$4Li + O_2 + 4H^+ \longrightarrow 4Li^+ + 2H_2O \tag{2-23}$$

碱性溶液: $$4Li + O_2 + 2H_2O \longrightarrow 4LiOH \tag{2-24}$$

水系锂-空气电池具有理论能量密度高、库仑效率高、电解液成本低廉且不可燃等优点。其放电产物 LiOH 能溶解在水中,不会阻塞空气电极中的孔道,电化学可逆性较好。由于金属锂能与水发生剧烈氧化还原反应,所以需要在金属锂表面包覆一层对水稳定的锂离子导通膜,即 NASICON 型的超级锂离子导通膜(LATP) $Li_3M_2(PO)_4$,但它与锂接触并不稳定,反应产物会使二者的界面阻抗增大。水系锂-空气电池的概念提出得较早,它不存在有机体系中空气电极反应产物堵塞空气电极的问题,但在锂负极保护上还没有得到较好的解决,包括 LATP 在水溶液中的稳定性问题,这仍然是该体系研究的重点问题。

锂金属在水系电解质中腐蚀严重，自放电率特别高，使得电池循环性和库仑效率都非常低，这些都制约了水系锂-空气电池的发展。

(3) 水-有机双液体系锂-空气电池的基本形式是电池中负极金属锂处于有机电解液中，正极空气电极一侧电解液为KOH水溶液，中间以超级锂离子导通玻璃膜隔开。这种新型锂-空气电池的新颖之处在于不用担心有机体系中空气电极反应产物堵塞电极微孔的问题，水相中的氧气在空气电极上还原成可溶于水的LiOH。技术中关键部件隔膜的耐碱性差，并且电阻与放电电流密度有关，是这个技术路线中的难点。

(4) 固态锂-空气电池较传统的液态锂-空气电池具有更高的安全性和稳定性。固态电解质是固态电池的关键材料。适用于固态锂-空气电池的固态电解质，除离子电导率高和界面相容性良好外，还应对空气成分稳定，使电池能够在空气中运行；抗氧化能力强，以抵抗电池运行过程中产生具有强氧化能力的氧还原中间体的腐蚀。而常见的无机固态电解质材料，如石榴石、钙钛矿、NASICON和硫化物等由于对环境空气成分或金属锂负极不稳定，不能满足固态锂-空气电池实际运行的要求，兼具高稳定性和高环境适应性的固态电解质材料的缺乏严重制约了固态锂-空气电池的发展和应用。

2.8.2 金属硫电池

硫电极具有资源丰富、价格低廉、理论比容量高等众多优点，在电池研究领域受到了广泛的关注。金属硫电池可以选择不同的金属材料(Li、Na、K、Ca和Mg等)作为负极，这也赋予了各种金属硫电池在成本、循环寿命和能量密度上各有所长。虽然金属硫电池有很多优点，但实际商业化仍然面临着许多技术挑战：一是可溶性多硫化物的溶解与穿梭导致硫活性物质的损失与电池容量的衰减；二是可溶性多硫化物也会与各种金属负极发生化学反应，导致金属负极的腐蚀和电解液的不断消耗；三是金属离子不同价态和半径也造成了硫正极显著不同的反应路径和动力学速率。金属硫电池体系由于具有相同的硫正极而具有很多共性之处，它们也由于不同金属负极之间的差异而具有很多不同点。这里以锂硫电池为例，简要介绍金属硫电池的原理。

锂硫电池是以硫元素作为电池正极、金属锂作为负极的一种锂金属电池，它的反应机理不同于锂离子电池的离子脱嵌机理，而是电化学机理。由于单质硫在地球中储量丰富、价格低廉、环境友好等，利用硫作为正极材料的锂硫电池的理论比容量和理论能量密度较高，分别达到1675mA·h/g和2600W·h/kg，远远高于商业上广泛应用的钴酸锂电池的比容量(小于150mA·h/g)。

锂硫电池放电时负极反应是锂失去电子变为锂离子，正极反应是硫与锂离子及电子反应生成硫化物，正极和负极反应的电势差即为锂硫电池所提供的放电电压。在外加电压作用下，锂硫电池的正极和负极反应逆向进行，即为充电过程。根据单位质量的单质硫完全变为S^{2-}所能提供的电量可得出硫的理论放电质量比容量为1675mA·h/g，同理可得出单质锂的理论放电质量比容量为3860mA·h/g。锂硫电池的理论放电电压为2.287V，当硫与锂完全反应生成硫化锂(Li_2S)时，相应锂硫电池的理论放电质量能量密度为2600W·h/kg。图2-10为锂硫电池的结构示意图。

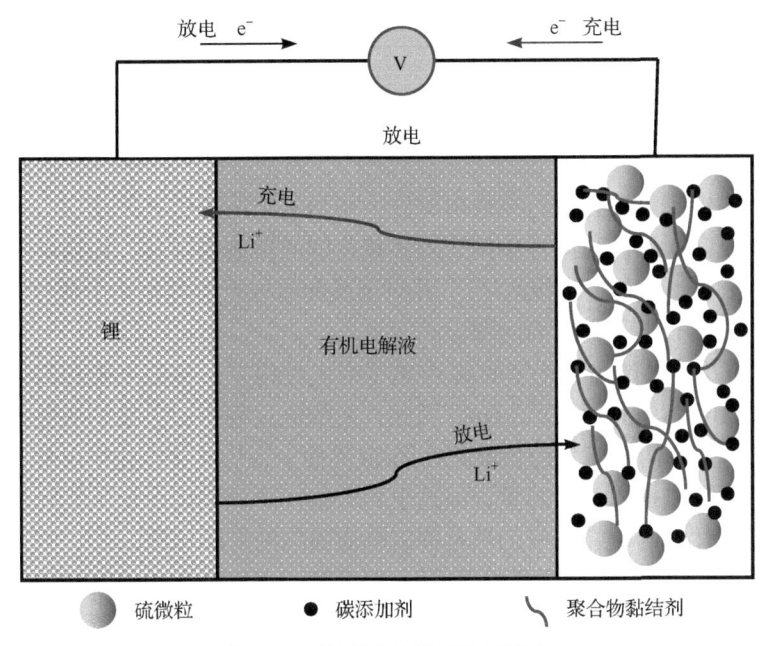

图 2-10 锂硫电池的结构示意图

因为硫及其放电最终产物硫化锂的电子导电性很差，所以通常需要将硫和多孔碳材料进行复合得到硫碳正极材料。其放电过程的总反应可以概括为

$$S_8 + 16e^- + 16Li^+ \longrightarrow 8Li_2S \tag{2-25}$$

然而，实际的放电反应过程更复杂，硫单质在放电时会经历多次还原反应，并生成一系列不同价态的可溶性中间产物。在实际放电过程中主要发生如下反应，第一个过程主要形成长链的多硫化锂 Li_2S_n ($n=4\sim8$)，即

$$S_8 + 4Li^+ + 4e^- \longrightarrow 2Li_2S_4 \quad 约\ 2.3V \tag{2-26}$$

由于 S_8 在电解液中的溶解度很小，所以此阶段的放电电压平台随着 Li_2S_4 浓度的升高而降低，并符合如下能斯特方程：

$$E = E_0 + \frac{RT}{nF}\ln\frac{[S_8]}{[S_4^{2-}]^2} \tag{2-27}$$

当放电过程继续进行时，可溶性的 Li_2S_4 会发生进一步的相变，生成不可溶的 Li_2S_2 和 Li_2S，其反应方程和相关的能斯特方程如下：

$$Li_2S_4 + 6Li^+ + 6e^- \longrightarrow 4Li_2S \quad 约\ 2.1V \tag{2-28}$$

$$E = E_0 + \frac{RT}{nF}\ln\frac{[S_4^{2-}]}{[Li_2S]^4} \tag{2-29}$$

此外，不同链长的多硫化锂($n=1\sim8$)会贯穿在整个放电过程中。因此，第二个反应过程可以归因于电化学和化学反应过程的结合，具体反应方程式如下：

$$Li_2S_4 + 2Li^+ + 2e^- \longrightarrow 2Li_2S_2 \quad 1.9\sim2.1V \tag{2-30}$$

$$Li_2S_4 + 6Li^+ + 6e^- \longrightarrow 4Li_2S \quad 约1.9V \tag{2-31}$$

$$3S_2^{2-} \longrightarrow 2S^{2-} + S_4^{2-} \tag{2-32}$$

综上所述，锂硫电池在进行充放电时发生相当复杂的氧化还原反应。硫电极的充电和放电反应较复杂，涉及可溶性中间产物多硫化锂的形成和转化，而这种复杂的液相转化使锂硫电池发生严重的"穿梭效应"，并对金属锂造成严重的电化学或化学腐蚀。不仅如此，硫正极还具有以下突出的问题。

(1) 硫单质及放电产物硫化锂的离子/电子导电性很差。室温下硫和硫化锂的电子电导率分别低至 10^{-30}S/cm 和 10^{-7}S/cm。因此，在放电过程中，大量的活性物质硫难以贡献容量，并且产生的惰性硫化锂会堆积在固-液界面上，从而使电化学反应受阻。虽然与导电碳材料复合可以提高放电容量，但这也会大幅度降低锂硫电池的实际能量密度，如何批量化制备高性能的硫碳正极仍然是锂硫电池面临的实际难题。

(2) 锂硫电池内部会发生"穿梭效应"，即溶解到电解质中的长链多硫化锂可以到达锂负极，以化学方式还原并形成低价态化合物。"穿梭效应"会导致锂负极腐蚀、活性物质损失和过充电。当电池发生"穿梭效应"时，多硫化锂会在浓度梯度的作用下迁移至负极，并造成活性物质的不可逆损失以及严重的过充电现象。

(3) 硫正极在充放电时有明显的体积效应。硫单质转变成硫化锂的过程中经历了复杂的相转换，而且硫和硫化锂的密度不同。根据理论密度计算，在100%的放电深度下，硫转化为硫化锂时的体积增加率约为78.69%。在循环过程中，反复的体积膨胀和收缩会严重破坏正极侧的导电结构，造成电化学性能的持续衰减。

本章主要介绍了能源电化学基础体系、发展历程以及一些常见的如锂离子电池、钠离子电池等电池体系的相关知识，在此基础上，还需深入了解能源电化学中的电解质体系、热力学、界面基础、传质传荷动力学等相关知识，进而为能源电化学关键技术的开发和应用提供理论和技术支撑。

习　题

1. 电化学反应中导电回路有几类导体？分别是哪几类？
2. 原电池、电解池和腐蚀电池哪一个需要外在电源？
3. 简述腐蚀电池的特点。
4. 电化学体系组成有哪些？其中电极分别细分为哪几类？有什么区别？
5. 什么是电化学储能？
6. 锂离子电池根据其外形的不同可以分为哪几种？
7. 锂离子电池的主要反应机理是什么？
8. 钠离子电池的工作原理是什么？相较于锂离子电池，钠离子电池具有哪些优势又有哪些缺点？

9. 金属-空气电池有什么优点？基本原理是什么？请举例说明。

10. 什么是电池的穿梭效应？穿梭效应会对锂硫电池带来什么影响？

11. 已知金属镍(Ni)的原子质量为 58.69g/mol，锂(Li)的原子质量为 6.9g/mol，氧(O)的原子质量为 16g/mol，工作电压约 3.6V。计算 LiNiO$_2$ 的质量比容量和质量能量密度。

第 3 章　能源电化学电解质体系

从第 2 章可知，能源电化学的研究对象是正、负极材料和电解质及其正极或负极与电解质间形成的界面及其上发生的反应。可以发现，电解质不仅是构成能源电化学系统形成电流回路必不可少的条件，同时它也是完成电化学反应实现能源存储与转化的反应物提供者。因此，了解电解质的基础物理化学特性十分重要，本章着重阐述电解质的结构及物理化学性质，并简要介绍能源电化学储能系统中目前主要应用和研究的电解质体系的结构与性质、研究现状及未来发展趋势，分别是液态电解质(有机系电解质、离子液体电解质和水系电解质)、固态电解质(聚合物固态电解质和无机固态电解质)、固态与液态复合电解质。最后，详细阐述电解质体系如何影响电化学储能电池性能。

3.1　能源电化学电解质基础性质

能源电化学储能系统中的电解质主要起到离子导通和参与反应界面形成的作用，同时，要求电解质在正、负极储能反应电压窗口内具有较好的化学和电化学稳定性。反应界面的形成将在后续能源电化学界面章节介绍，本章将重点介绍反映电解质离子导通作用的基础性质及反映电化学稳定性的电化学稳定窗口。

反映电解质离子导通能力的性质包括电导率、淌度、迁移数、扩散系数等，它们之间有一定的内在联系，可以由一种性质推知另一种性质，因此详细介绍上述几个物理量既可以加深和扩大对其物理意义的了解，又可以节省许多实验测定的工作量，在理论和实践上都有很大意义。

3.1.1　能源电化学电解质离子电导率

1. 电导率

任何导体对电流的通过都有一定的阻力，这就是电工学中的电阻。和第一类导体一样，在外加电场作用下，电解质中的离子也将从无规则的随机跃迁转变为定向运动，形成电流，电解质也具有电阻 R，并服从欧姆定律。习惯上，常用电阻和电阻率的倒数表示电解质的导电能力，即

$$L = \frac{1}{R} \tag{3-1}$$

$$\kappa = \frac{1}{\rho} \tag{3-2}$$

$$L = \kappa \frac{S}{l} \tag{3-3}$$

式中，L 称为电导(conductance)；κ 称为电导率(conductivity)，单位分别为 S[西门子(siemens)，$1S=1\Omega^{-1}$]和 S/m，电导率 κ 表示边长为 1m 的立方体电解质的电导，故 κ 亦称为比电导。电导 L 的数值除与电解质的本性有关外，还与离子浓度、电极大小、电极距离等相关，而电导率 κ 和电阻率 ρ 类似，是排除了导体几何因素影响的参数，与电解质种类、温度、浓度有关。若电解质中含有 n 种电解质溶质时，则该溶液的电导率应为 n 种电解质溶质的电导率之和，即

$$\kappa = \sum_{n=0}^{\infty} \kappa_n \tag{3-4}$$

根据能源电化学电解质导电的机理是离子的定向运动可知，几何因素固定之后，也就是离子在电场作用下迁移的路程和通过的溶液截面积一定时，能源电化学电解质导电能力应与载流子——离子的运动速度有关。离子运动速度越大，传递电荷就越快，则导电能力越强。另外，能源电化学电解质导电能力应正比于电荷的浓度(离子浓度×离子所带电荷)。因此，影响能源电化学电解质导电能力的因素可分为两类：一类是量的因素，指能源电化学电解质中含有的导电离子的数量及离子电荷数的多少；另一类则是质的因素，即离子运动速度的快慢。凡是影响离子运动速度和电荷浓度的因素，都会对能源电化学电解质的导电能力发生影响。例如，水系电解质在不同浓度时的电导率关系如图 3-1 所示。在溶质浓度很小时，随着浓度增加，单位体积中离子数目增多，量的因素是主要的，所以电导率增大。在溶质浓度过大时，离子间相互作用力相当突出，对离子运动速度的影响很大，则质的因素占了主导地位，电导率又将随浓度的增大而减小。因此，水系电解质电导率与浓度关系中会出现极大值。

就能源电化学电解质溶液来说，即电化学储能体系电解液，影响电荷浓度的因素主要是能源电化学电解质溶液溶质的浓度、电离度和离子所带电荷数。同一种能源电化学电解质溶液，其溶质浓度越大，电离后电荷浓度也越大；其溶质电离度越大，则在同样的能源电化学电解质溶质浓度下，所电离的离子的浓度越大，电荷浓度越大；其离子所带的电荷数越大，电荷浓度越大。影响离子运动速度的因素则更多一些，有以下几个主要因素。

(1) 离子本性。主要是溶剂化离子的半径，半径越大，在电解质中运动时受到的阻

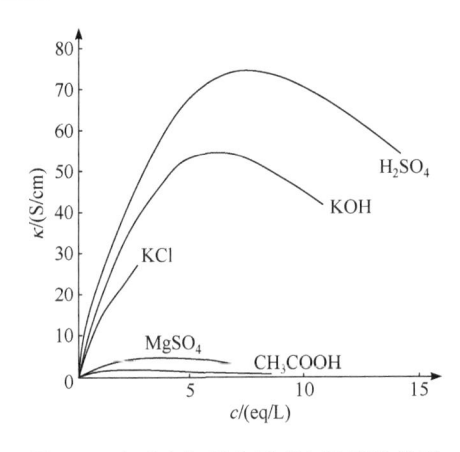

图 3-1 水系电解质电导率与浓度的关系 (20℃)

力越大，因而运动速度越小。其次是离子的价数，价数越高，受外电场作用越大，故离子运动速度越大，且单个离子所携带电量能力越强。所以，不同离子在同一电场作用下，它们的运动速度是不一样的。

特别值得指出的是，水系电解质中的 H^+ 和 OH^- 具有特殊的迁移方式，它们的运动

速度比一般离子要快得多。H⁺比其他离子快5~8倍，OH⁻比其他离子快2~3倍。例如H⁺在系电解质中是以水合氢离子H₃O⁺形式存在的。水合氢离子除了像一般离子那样在电场下定向运动外，还存在一种更快的移动结构。这就是质子从H₃O⁺上转移到邻近的水分子上，形成新的水合氢离子，新的水合氢离子上的质子又重复上述过程。这样，像接力赛一样，质子H⁺被迅速传递过去。这一过程可用下式表示：

$$\left[\begin{array}{c}H\\|\\H-O\cdots H\end{array}\right]^+ + \begin{array}{c}H\\|\\O-H\end{array} \longrightarrow \begin{array}{c}H\\|\\O-H\end{array} + \left[\begin{array}{c}H\\|\\H-O\cdots H\end{array}\right]^+$$

根据有关的分子结构数据计算，已知质子从 H₃O⁺ 上转移到水分子上，需要通过 0.86×10^{-8}cm 的距离，相当于 H₃O⁺ 移动了 33.1×10^{-8}cm，因而 H₃O⁺ 的绝对运动速度比普通离子快得多。

(2) 离子浓度。电解质中，离子间存在着相互作用。浓度增大后，离子间距离减小，相互作用加强，使离子运动的阻力增大。

(3) 温度。温度升高，离子运动速度增大。

(4) 黏度。液态电解质中溶剂黏度越大，离子运动的阻力越大，所以运动速度减小。

总之，能源电化学电解质中组分剂的性质、温度、浓度等因素均对电导率 κ 有较大影响。其中浓度对电导率的影响比较复杂，如图 3-1 所示。尤其液态电解质的电导率与溶液浓度的关系极为复杂，其导电能力的物理量需进一步定义。

2. 摩尔电导率

金属导体只靠电子导电，而且导体中电子浓度极高，所以比较电导率就能看出它们在导电能力上的差别。能源电化学电解质则不然，它们靠离子导电，各种离子的价数可能不同，单位体积中离子的数量(浓度)也可能不同。因此不能用电导率来比较电解质的导电能力，需要引入摩尔电导率的概念。在两个距离为单位长度的平行板电极间的电解质中含有 1mol 溶质时，电解质所具有的电导就是摩尔电导率 Λ_m。由于浓度 c 不同，含 1mol 溶质的体积也不同，所以摩尔电导率显然是电导率乘以含 1mol 溶质的体积 V_m(摩尔体积)，即

$$\Lambda_m = \kappa V_m = \kappa / c \tag{3-5}$$

式中，Λ_m 的单位为 S·m²/mol；c 的单位为 mol/m³。

3. 当量电导率

摩尔电导率虽然规定了电解质的量和两平行电极间的距离，但电解质的电导还与离子所带的电荷数和离子的运动速度有关。因此，当我们比较不同电解质的导电能力时都将带有 1mol 单位电荷的物质作为基本单元，这样负载的电流量才相同。所以指定物质的基本单元是十分重要的。例如，对于 HCl、H₂SO₄、La(NO₃)₃、Al₂(SO₄)₃，它们的基本单元分别是 HCl、1/2 H₂SO₄、1/3 La(NO₃)₃、1/6 Al₂(SO₄)₃。在两个距离为单位长度的平行板电极间放置含有 1mol 单位电荷的溶液，此时溶液所具有的电导称为当量电导率 Λ。

如对于 H_2SO_4，$\Lambda=0.5\Lambda_m$。设液态电解质中某溶质离解为正、负两种离子，其浓度分别为 c_+ 和 c_- (mol/m³)，离子价数分别为 z_+ 和 z_-。定义 c_N 为该电解质溶质的当量电荷浓度，当完全电离时有 $c_N = z_+c_+ = |z_-|c_-$。如 $c=1$mol/L 的 HCl 溶液，$c_N=c=1$mol/L；而 $c=1$mol/L 的 H_2SO_4 溶液 $c_N=2c=2$mol/L。显然当量电导率可以表示为

$$\Lambda = \kappa / c_N \tag{3-6}$$

式中，Λ 的单位是 $S \cdot m^2/mol$；c_N 的单位为 mol/m³。

4. 极限当量电导率与极限摩尔电导率

由于电解质在不同浓度时，离子间的相互作用不同，因而离子的运动速度也不同，这就导致对导电能力的影响。只有当溶液无限稀释，离子间的距离增大到离子间相互作用可以忽略时，各个离子的速度才是定值。

实验结果表明，随溶液浓度降低，当量电导率逐渐增大并趋近于一个极限值。对于弱电解质(如 CH_3COOH)，由于浓度减小，电离度增大，参与导电的离子数增多，故 Λ 增大；对于全部解离的强电解质(如 KCl、HCl 等)，由于浓度减小，离子间相互作用减弱，离子移动所受阻力减小，所以 Λ 增大。我们把无限稀溶液的当量电导率称为极限当量电导率 Λ_0。可以认为这时电解质完全解离，且离子间相互作用力消失。所以用极限当量电导率来比较电解质的导电能力才是最合理的。

对于强电解质，在非常稀($c_N<0.002$mol/L)的溶液中，其当量电导率与当量电荷浓度的关系可用科尔劳施(Kohlrausch)经验公式表示：

$$\Lambda = \Lambda_0 - A\sqrt{c_N} \tag{3-7}$$

式中，A 是常数，单位是 $S \cdot m^2/mol$。$\sqrt{c_N}$ 严格来讲应写为 $\sqrt{c_N/c^\ominus}$，$c^\ominus$ 表示标准物质的量浓度，mol/L，这样根号中单位才能消去，但习惯上多写为式(3-7)所示形式。摩尔电导率和当量电导率存在正比关系，所以摩尔电导率也随溶液浓度降低而逐渐增大并趋近于一个极限值，我们把无限稀溶液的摩尔电导率称为极限摩尔电导率。

3.1.2 能源电化学电解质淌度

能源电化学电解质中正离子和负离子在电场力作用下沿着相反的方向进行电迁移，因为它们的电荷符号相反，所以导电电流方向相同。离子迁移和电解质的导电能力有什么关系呢？以液态电解质为例，现考察液态电解质中一段截面积为 1cm² 的液柱，如图 3-2 所示。

设正离子与负离子在电场作用下的迁移速度分别为 v_+ 和 v_-(m/s)，两种离子的浓度分别为 c_+ 和 c_-(mol/m³)。由图 3-2 可看出，如果液面 2 与液面 1 的距离为 v_+(m)，那么位于液面 1、液面 2 间的正离子在电场作用下 1s 内将全部通

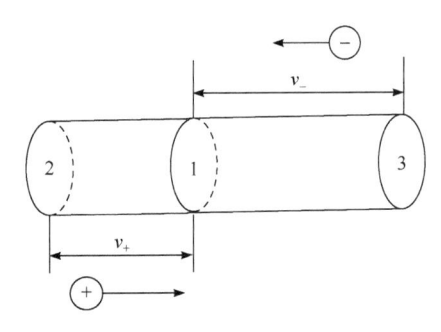

图 3-2 离子的电迁移

过液面 1。

离子在单位时间内通过单位截面积的物质的量称为该离子的流量，用 q 表示，单位是 $mol/(m^2 \cdot s)$。可见液面 1、液面 2 间正离子总量就是单位时间内通过单位截面积(液面 1)的正离子数量，即为正离子的电迁流量 q_+，可得 $q_+=c_+v_+$。同理，负离子的电迁流量 $q_-=c_-v_-$，因为离子是带电荷的，所以也可用电量代替离子的数量表示电迁流量。已知每摩尔电荷数为 1 的离子所带的电量为 $1F$。若 i 离子的电荷数为 z_i，则每摩尔该离子所带的电量为 $z_iF(z_i \times 96500 C/mol)$。因此，$z_iFq$ 即表示 i 离子在单位时间内通过单位截面积的电量$[C/(m^2 \cdot s)]$，因为电流强度是指单位时间内通过的电量，故 z_iFq 也就是单位面积上通过的电流(A/m^2)，即电流密度(用 j 表示)：

$$j_i = I_i / A = z_i F q \tag{3-8}$$

式中，j_i 和 I_i 分别为 i 离子迁移产生的电流密度和电流强度；A 为液面面积。由此，将电迁流量 q_+ 和 q_- 转换为电流密度，分别用 j_+ 和 j_- 表示，则 $j_+ = z_+Fq_+ = z_+Fc_+v_+$，$j_- = |z_-|Fq_- = |z_-|Fc_-v_-$。总电流密度 j 是正、负两种离子所迁移的电流密度之和，则

$$j = j_+ + j_- = z_+Fq_+ + |z_-|Fq_- = z_+Fc_+v_+ + |z_-|Fc_-v_- \tag{3-9}$$

已知当液态电解质溶质完全电离时，其当量电荷浓度 $c_N = z_+c_+ = |z_-|c_-$，代入式(3-9)可得

$$j = c_N F(v_+ + v_-) \tag{3-10}$$

研究表明，液态电解质也符合欧姆定律：

$$I = \frac{U}{R} = \kappa \frac{A}{l} U = \kappa A E_f \tag{3-11}$$

移项得

$$j = \kappa E_f \tag{3-12}$$

式中，E_f 为液态电解质中的电场强度。将式(3-12)代入式(3-10)后，可得

$$\frac{\kappa}{c_N} = F\left(\frac{v_+}{E_f} + \frac{v_-}{E_f}\right) \tag{3-13}$$

令 $u_+ = v_+/E_f$，$u_- = v_-/E_f$，可见 u_+ 和 u_- 分别表示单位电场强度(1V/m)下正、负离子的迁移速度，称为离子常用淌度，简称离子淌度，单位是 $m^2/(V \cdot s)$。在液态电解质溶质完全解离的情况下，将式(3-6)代入式(3-13)，得

$$\Lambda = F(u_+ + u_-) = \lambda_+ + \lambda_- \tag{3-14}$$

式中，λ_+ 和 λ_- 分别代表正、负离子的当量电导率。由上式可以看出，即使液态电解质溶液不是无限稀释的，或者不是理想的溶液，其当量电导率仍然可以表示为单独正离子和负离子的当量电导率之和。但需要注意的是，因离子间相互作用不能忽略，正、负离子

的淌度 u_+ 和 u_- 互相关联，同时也与液态电解质溶液的总浓度相关，因此，λ_+ 和 λ_- 的值也与离子的种类相关。例如，阳离子的电导率与液态电解质浓度和阴离子种类呈一定函数关系，同时也会受到溶液中其他共存离子的浓度和种类的影响。

液态电解质溶液无限稀时，两种离子的当量电导率分别趋向于某一定值，即

$$\Lambda_0 = F(u_{+,0} + u_{-,0}) = \lambda_{+,0} + \lambda_{-,0} \tag{3-15}$$

式中，$u_{+,0}$ 和 $u_{-,0}$ 是无限稀溶液中正、负离子的淌度；$\lambda_{+,0}$ 和 $\lambda_{-,0}$ 是无限稀溶液中的正、负离子的极限当量电导率。表 3-1 列出某些离子的极限当量电导率。当液态电解质溶液无限稀时，离子间的距离很大，可以完全忽略离子间的相互作用，离子的运动都是独立的，这时溶液的极限当量电导率就等于正、负离子的极限当量电导率之和，即无限稀溶液中的电导率是各个离子独立移动的结果，这一规律称为离子独立移动定律。

表 3-1　25℃下水溶液中某些离子的极限当量电导率 λ_0　（单位：$10^{-4} S \cdot m^2/mol$）

离子	λ_0	离子	λ_0
OH^-	197.6	H^+	349.7
Br^-	78.4	Li^+	38.68
Cl^-	76.3	Na^+	50.1
F^-	55.4	K^+	73.5
I^-	76.9	Ag^+	61.9
NO_3^-	71.4	Cs^+	76.8
$H_2PO_4^-$	36	NH_4^+	73.7
CN^-	78	$1/2Ba^{2+}$	63.7
CH_3COO^-	40.9	$1/2Zn^{2+}$	53.5
$1/2HPO_4^{2-}$	57	$1/2Mg^{2+}$	53.06
$1/2SO_4^{2-}$	79.8	$1/2Fe^{2+}$	53.5
$1/2CO_3^{2-}$	69.3	$1/3Fe^{3+}$	68
$1/3[Fe(CN)_6]^{3-}$	101	$1/3Al^{3+}$	63

应当指出，讨论离子在某种推动力作用下的运动速度，才能反映出不同离子的特性，更有普遍意义。常用淌度是指离子在单位场强下的运动速度，因此，定义离子在单位电场力作用下的运动速度为离子的绝对淌度，用 $\bar{u}$ 表示，单位是 $m/(N \cdot s)$。例如正离子的绝对淌度可表示为

$$\bar{u}_+ = \frac{v_+}{F_e} \tag{3-16}$$

式中，F_e 表示电场力；场强 E_f 为单位电量的电荷所受到的电场力，故对电量为 z_+e 的离子来说，所受电场力 $F_e = z_+ e E_f$，代入式(3-16)，得

$$\bar{u}_+ = \frac{v_+}{z_+ e E_f} = \frac{u_+}{z_+ e} \tag{3-17}$$

同理：
$$\bar{u}_- = \frac{v_-}{|z_-| e E_f} = \frac{u_-}{|z_-| e} \tag{3-18}$$

这两个公式表达出绝对淌度与常用淌度的关系。

3.1.3 能源电化学电解质离子迁移数

电解质中的正、负离子共同承担着电流的传导。电解质中各种离子的浓度不同、淌度不同，在导电时它们所承担的导电份额也会有很大的差异。为了表示电解质中某种离子所传送的电流份额的大小，提出了迁移数的概念。

若电解质中只含正、负两种离子，则通过电解质的总电流密度应当是两种离子迁移的电流密度之和，即$j=j_++j_-$。可定义阳离子迁移数t_+和阴离子迁移数t_-分别为阳离子和阴离子输送的电流密度与总电流密度之比：

$$t_+ = \frac{j_+}{j_+ + j_-}, \quad t_- = \frac{j_-}{j_+ + j_-} \tag{3-19}$$

显然，$t_++t_-=1$。因电量与电流成正比，也可将迁移数定义为电解质中某种离子所迁移的电量在各种离子迁移的总电量中所占的分数。将式(3-9)以及淌度定义式$u_+=v_+/E_f$、$u_-=v_-/E_f$代入式(3-19)，可得

$$t_+ = \frac{|z_+|u_+c_+}{|z_+|u_+c_+ + |z_-|u_-c_-}, \quad t_- = \frac{|z_-|u_-c_-}{|z_+|u_+c_+ + |z_-|u_-c_-} \tag{3-20}$$

如果两种以上的离子存在于电解质中，则依照上式的写法，可用下列通式表示电解质中某种离子的迁移数：

$$t_i = \frac{|z_i|u_ic_i}{\sum |z_i|u_ic_i} \tag{3-21}$$

这时电解质中所有离子迁移数之和也应等于1。

由于离子淌度随浓度而改变，迁移数也与浓度有关。表3-2中列出不同浓度下各种盐类的液态电解质正离子迁移数的数值，其相应的负离子迁移数可从1减去正离子迁移数而获得。

表 3-2 25℃时水溶液液态电解质中某些物质的正离子迁移数

当量浓度	HCl	LiCl	NaCl	KCl
0.01eq/L	0.8251	0.3289	0.3918	0.4902
0.02eq/L	0.8266	0.3261	0.3902	0.4901
0.05eq/L	0.8292	0.3211	0.3876	0.4899
0.1eq/L	0.8314	0.3168	0.3854	0.4898
0.2eq/L	0.8337	0.3112	0.3821	0.4894
0.5eq/L	—	0.300	—	0.4888
1.0eq/L	—	0.287	—	0.4882

影响离子迁移数的因素有温度、浓度、支持电解质等。从表 3-2 可见，HCl 溶液中 H^+ 的迁移数远远大于 Cl^- 的迁移数。但若向 HCl 溶液中大量加入 KCl，则会大大降低 H^+ 的迁移数。这时 $t_{H^+} + t_{Cl^-} + t_{K^+} = 1$，假定 HCl 浓度为 10^{-3}mol/L，KCl 为 1mol/L，而且已知此溶液中 $u_{K^+} \approx 6\times10^{-8} m^2/(V \cdot s)$、$u_{H^+} \approx 30\times10^{-8} m^2/(V \cdot s)$、$u_{Cl^-} \approx 6.1\times10^{-8} m^2/(V \cdot s)$，根据式(3-21)，可得

$$\frac{t_{K^+}}{t_{H^+}} = \frac{u_{K^+} c_{K^+} / \sum u_i c_i}{u_{H^+} c_{H^+} / \sum u_i c_i} = \frac{u_{K^+} c_{K^+}}{u_{H^+} c_{H^+}} = 200$$

同理 $t_{Cl^-} / t_{H^+} \approx 200$。尽管 H^+ 的淌度比 K^+ 和 Cl^- 大得多，但它在这个混合溶液中所迁移的电流仅为 K^+ 和 Cl^- 的 1/200。所以说，在支持电解质的含量非常大时，甚至可使某离子的迁移数减少到趋于零。这是电化学研究中有重要意义的一项措施。

因为液态电解质中离子都是溶剂化的，所以离子在电场作用下运动时，总是携带着一定量的溶剂分子。在实验中都是根据浓度变化测定离子迁移数，所测数值包含溶剂化层迁移的影响在内。有时将这种迁移数称为表观迁移数，以区别于将溶剂迁移的影响扣除后求出的真实迁移数。一般除特殊注明者外，能源电化学中提到的迁移数都是表观迁移数。

3.1.4 扩散系数

在菲克(Fick)定律的推导中引入了反应粒子扩散能力的参数——扩散系数 D，由菲克第一定律可见，D 的数值等于单位浓度梯度作用下离子的扩散传质流量。

离子淌度反映出离子在电势梯度作用下的运动特征，扩散系数反映出粒子在化学势梯度作用下的运动特征，二者显然有一定的关系。对于同一种离子，扩散系数与淌度之间可推导出以下关系：

$$D_i = \frac{RT}{|z_i|F} u_i \tag{3-22}$$

式中，D_i 是 i 粒子的扩散系数；u_i 是 i 粒子的常用淌度；z_i 是 i 粒子所带的电荷数。该式称为爱因斯坦-斯莫卢霍夫斯基(Einstein-Smoluchowski)公式。

无限稀释液态电解质溶液中 i 离子的扩散系数 D_i，可根据无限稀释时 i 离子的极限当量电导率按式(3-22)求出，将 $u_{i,0} = \lambda_{i,0} / F$ 代入，可得

$$D_{i,0} = \frac{RT}{|z_i|F} u_{i,0} = \frac{RT}{|z_i|F} \lambda_{i,0} \tag{3-23}$$

式中，$u_{i,0}$ 是无限稀溶液中 i 离子的淌度；$\lambda_{i,0}$ 是无限稀溶液中 i 离子的极限当量电导率。水系电解质无限稀溶液中离子的扩散系数见表 3-3。从表中数据可见，H^+ 与 OH^- 的扩散系数比其他粒子大得多，其原因是它们在水溶液中迁移时涉及特殊的跃迁历程。

表 3-3 水系电解质无限稀溶液中离子的扩散系数

离子	$D/(cm^2/s)$	离子	$D/(cm^2/s)$
H^+	$9.34×10^{-5}$	OH^-	$5.23×10^{-5}$
Li^+	$1.04×10^{-5}$	Cl^-	$2.03×10^{-5}$
Na^+	$1.35×0^{-5}$	NO_3^-	$1.92×10^{-5}$
K^+	$1.98×10^{-5}$	CH_3COO^-	$1.09×10^{-5}$
Pb^{2+}	$0.98×10^{-5}$	BrO_3^-	$1.44×10^{-5}$
Cd^{2+}	$0.72×10^{-5}$	SO_4^{2-}	$1.08×10^{-5}$
Zn^{2+}	$0.72×10^{-5}$	CrO_4^{2-}	$1.07×10^{-5}$
Cu^{2+}	$0.72×10^{-5}$	$[Fe(CN)_6]^{3-}$	$0.76×10^{-5}$
Ni^{2+}	$0.69×10^{-5}$	$[Fe(CN)_6]^{4-}$	$0.64×10^{-5}$

较浓溶液中 D_i 的具体数据并不多见。一般来说，在较浓溶液中的扩散系数要比无限稀释时小一些，但离子扩散系数随浓度变化不大。例如，在 0.1mol/L 的 KCl 溶液中，离子的扩散系数与无限稀释时的扩散系数只相差百分之几。实验结果表明，即使在浓度为 1～4mol/L 的浓溶液中，离子的扩散系数也与无限稀释时相差不大，一般不超过 10%～20%。

在更浓的溶液中扩散系数一般下降较快，但极少可靠数据。一般来说，在相同温度下，溶液的黏度越大，扩散系数就越小。例如，在 KOH 溶液中的扩散系数随碱浓度的增加而迅速下降，在 40% KOH 中只有约 $1.0×10^{-6}cm^2/s$，是稀水溶液中的 1/18(若干气体在稀溶液中的扩散系数见表 3-4)，而 40% KOH 的黏度比纯水高 4 倍左右。

表 3-4 水系电解质无限稀释溶液中粒子的扩散系数

分子	$D/(cm^2/s)$	分子	$D/(cm^2/s)$
O_2	$1.8×10^{-5}$	Cl_2	$1.2×10^{-5}$
H_2	$4.2×10^{-5}$	NH_3	$1.8×10^{-5}$
CO_2	$1.5×0^{-5}$		

温度升高，扩散系数增大，常温下每升高 1℃，D 值约增加 2%。

3.1.5 电化学稳定窗口

对于一种电解质来说，加在其上的最正电势和最负电势是有一定限制的，超出这个限度，电解质会发生电化学反应而分解。那么，这个最正电势和最负电势之间有一个区间，电解质稳定存在，这个区间称为电化学稳定窗口。电化学稳定窗口是衡量电解质电化学稳定性的一个重要指标。

电化学稳定窗口一般可以通过伏安法测试得到，在电化学循环伏安曲线上没有电化学反应的那一段区间，就是电化学稳定窗口。在这个电势范围内，电解质没有电化学反应发生。因此在电化学储能系统研究时，研究对象正、负极的氧化还原电势应该处于所选择的电解质的电化学稳定窗口中，才不会造成负面影响。

电化学稳定窗口宽的电解质，就能用于氧化电势更高的正极，或者还原电势更低的负极的电化学储能体系，当然也能有更好的应用价值。

随着电化学技术的不断发展，液态电解质添加剂在能源电化学领域中的应用越来越广泛。液态电解质添加剂可以改善电池的性能，提高电池的循环寿命和能量密度。因此，准确测定液态电解质添加剂的浓度和电化学稳定窗口特性对于电池研究和应用具有重要意义。

液态电解质添加剂的电化学稳定窗口特性是指其在电化学反应中的氧化还原窗口范围。电化学稳定窗口特性的测定可以帮助我们了解液态电解质添加剂在电池中的作用机制，并优化电池的设计和性能。目前，常用的电化学稳定窗口测定方法之一是线性扫描伏安(linear sweep voltammetry，LSV)法。

LSV法是一种基于电流-电势曲线的电化学测量方法。在LSV实验中，我们通过改变电极电势，观察电流的变化，从而得到液态电解质添加剂的电化学稳定窗口特性。具体操作步骤如下：

(1) 准备好实验所需的电解液添加剂和电极。电解液添加剂可以根据实际需要选择，常见的有锂盐、电解质添加剂等。电极可以选择玻碳电极、金电极等。

(2) 将电解液添加剂溶解在适当的溶剂中，制备成一定浓度的溶液。将溶液倒入电化学池中，同时将电极插入溶液中。

(3) 连接电化学池与电化学工作站，设置实验参数，包括扫描速度、起始电势和终止电势。

(4) 开始进行LSV实验。在实验过程中，电极电势会从起始电势线性扫描到终止电势，同时记录电流的变化。通过绘制电流-电势曲线，我们可以得到电解液添加剂的窗口特性。

(5) 根据实验结果进行数据分析和讨论。可以通过计算窗口宽度、窗口对称性等参数来评估电解液添加剂的窗口特性。同时，还可以与其他电解液添加剂进行比较，找出最适合的添加剂。

总之，液态电解质添加剂窗口LSV测定方法是一种简单、快速、准确的测量方法。通过该方法，我们可以了解液态电解质添加剂的电化学稳定窗口特性，为电池的研究和应用提供重要参考。未来，随着电化学技术的不断发展，相信液态电解质添加剂窗口LSV测定方法将得到更广泛的应用。

目前能源电化学中研究和应用最多的电解质根据电解质的存在状态可分为液态电解质、固态电解质和固液复合电解质。液态电解质包括有机液态电解质、离子液体电解质和水系液态电解质，固态电解质包括聚合物固态电解质和无机固态电解质，而固液复合电解质则是固态和液态电解质复合而成的半固态电解质，如图3-3所示。接下来分别对其结构与性质、研究现状及未来发展趋势进行详细介绍。

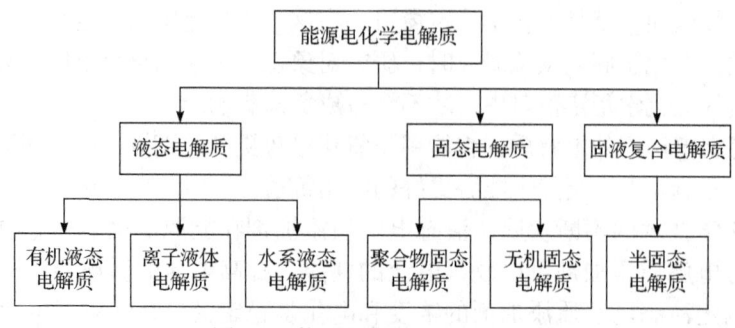

图 3-3 能源电化学电解质分类

3.2 液态电解质的结构及性质

衡量液态电解质性能的重要指标有离子电导率、离子迁移数、电化学稳定窗口和黏度等。

(1) 离子电导率。离子电导率反映的是液态电解质传输离子的能力，是衡量液态电解质性能的重要指标之一，与活性离子盐在溶剂中的浓度和解离度有关，也与溶剂的黏度和电池工作温度有关，实验上可以采用交流阻抗方法测量。实验测定的液态电解质的离子电导率包括其中各种离子的贡献。

(2) 离子迁移数。电化学储能电池而言，充放电过程中需要传输的是活性离子，活性离子的迁移数越高，参与储能反应的有效输运的离子也就越多。活性离子迁移数较低将导致有效传导的离子电阻较高，同时阴离子更容易富集在正、负极表面，导致电极极化增大，并增大了阴离子分解的概率，不利于获得较好的循环性和倍率特性。活性离子迁移数可以通过直流极化和交流阻抗相结合的办法获得。

(3) 电化学稳定窗口。电化学稳定窗口可以用循环伏安(CV)方法测定。在较宽的电势扫描范围内，没有明显的电流，意味着电解质的电化学稳定性较好。溶剂和盐的电化学稳定窗口，可以通过第一性原理计算出的材料最高占据分子轨道(HOMO)和最低未占分子轨道(LUMO)的相对差值来大致判断。但对于通过表面钝化而拓宽了电化学稳定窗口的电解质体系，目前还不能准确预测，因此电化学稳定窗口的判断以实验为主，理论预测可以在开发新电解质体系时提供一定的参考。

(4) 黏度。黏度是考察电化学储能电池液态电解质的一个重要参数，它的数值直接影响离子在电解质体系中的扩散性能。这是因为离子迁移速率与液体黏度呈反比关系，黏度越低，离子迁移速率越高。而液态电解质的电导率与离子迁移速率成正比，所以电导率随着黏度的升高而降低。锂离子电池使用黏度较低的电解液。电解液的各项性能与溶剂的许多其他性能参数密切相关。如溶剂的熔点、沸点、闪点等因素对电池的使用温度、电解质的溶解度、电极电化学性能和电池的安全性能有重要的影响。

3.2.1 有机液态电解质

目前商业化锂离子电池采用的电解质是有机液态电解质，即电解液，它是在有机溶剂中溶有电解质锂盐的离子型导体。虽然有机溶剂和锂盐的种类很多，但真正能用于电化学储能电池的却很有限，一般作为实用电化学储能电池的有机液态电解质应该具备以下性能：①离子电导率高，一般应达到 $10^{-3} \sim 2 \times 10^{-3}$ S/cm，活性离子迁移数应尽量接近于1；②电化学稳定窗口宽，必须有 0～5V 的电化学稳定窗口；③热稳定性好，使用温度范围宽；④化学性能稳定，与电池内集流体和活性物质不发生化学反应；⑤安全低毒，最好能够生物降解。

电化学储能电池有机液态电解质的性质与溶剂的性质密切相关，一般来说，溶剂的选择应该满足如下一些基本要求：①有机溶剂应该具有较高的介电常数，从而使其有足够高的溶解活性金属离子盐的能力；②有机溶剂应该具有较低的黏度，从而使电解液中离子更容易迁移；③有机溶剂对电池中的各个组分必须是惰性的，尤其是在电池工作电压范围内必须与正极和负极有良好的兼容性；④有机溶剂或者其混合物必须有较低的熔点和较高的沸点，换言之有比较宽的液程使电池有比较宽的工作温度范围；⑤有机溶剂必须具有较高的安全性(高的闪点)，无毒无害、成本较低。例如，醇类、胺类和羧酸类等质子性溶剂虽然具有较高的解离盐的能力，但是它们在 2.0～4.0V(vs. Li$^+$/Li)会发生质子的还原和阴离子的氧化，所以它们一般不用来作为锂离子电池有机液态电解质的溶剂。从溶剂需要具有较高的介电常数出发，可以应用于锂离子电池的有机溶剂应该含有羰基(C=O)、氰基(C≡N)、磺酰基(S=O)和醚链(—O—)等极性基团。锂离子电池溶剂的研究主要包括有机醚和有机酯，这些溶剂分为环状和链状。一些主要有机溶剂的基本物理性质参见表3-5。

表 3-5 一些锂离子电池用有机溶剂的基本物理性质

种类	状态	溶剂	熔点 T_m/℃	沸点 T_b/℃	相对介电常数 ε(25℃)	黏度 η(25℃)/cP
碳酸酯	环状	碳酸乙烯酯(EC)	36.4	248	89.78	1.90(40℃)
		碳酸丙烯酯(PC)	-48.8	242	64.92	2.53
		碳酸丁烯酯(BC)	-53	240	53	3.2
	链状	碳酸二甲酯(DMC)	4.6	91	3.107	0.59(40℃)
		碳酸二乙酯(DEC)	-74.3	126	2.805	0.75
		碳酸甲乙酯(EMC)	-53	110	2.958	0.65
羧酸酯	环状	γ-丁内酯(γBL)	-43.5	204	39	1.73
	链状	乙酸乙酯(EA)	-84	77	6.02	0.45
		甲酸甲酯(MF)	-99	32	8.5	0.33
醚类	环状	四氢呋喃(THF)	-109	66	7.4	0.46
		2-甲基-四氢呋喃(2-Me-THF)	-137	80	6.2	0.47
	链状	二甲氧基甲烷(DMM)	-105	41	2.7	0.33
		1,2-二甲氧基乙烷(DME)	-58	84	7.2	0.46
腈类	链状	乙腈(AN)	-48.8	81.6	35.95	0.341

对于有机酯来说，其中大部分环状有机酯具有较宽的液程、较高的介电常数和黏度，而链状的溶剂一般具有较窄的液程、较低的介电常数和黏度。其原因主要是环状的结构具有比较有序的偶极子阵列，而链状结构比较开放和灵活，导致偶极子会相互抵消，所以一般在电解液中会使用链状和环状的有机酯混合物作为锂离子电池电解液的溶剂。对于有机醚来说，不管是链状的还是环状的化合物，都具有比较适中的介电常数和比较低的黏度。一般选择介电常数高、黏度小的有机溶剂。介电常数越高，锂盐就越容易溶解和解离；黏度越小，离子移动速度越快。但实际上介电常数高的溶剂黏度大，黏度小的溶剂介电常数低。因此，单一溶剂很难同时满足以上要求，锂离子电池有机溶剂通常采用介电常数高的有机溶剂与黏度小的有机溶剂混合来弥补各组分的缺点。如 EC 类碳酸酯的介电常数高，有利于锂盐的解离，DMC、DEC、EMC 类碳酸酯黏度低，有助于提高锂离子的迁移速率。碳酸丙烯酯(PC)具有宽的液程、高的介电常数和对锂的稳定性，所以它是最早被研究的，也是最早被索尼公司商业化的锂离子电池溶剂材料。PC 作为一种环状碳酸酯，它有助于在碳负极表面形成有效的 SEI 膜，从而阻止电解液与负极材料的进一步反应。但是 PC 作为电解质溶剂也有很多不足，首先是可充放电金属锂电池的容量衰减很严重，这主要是由于 PC 与新形成的 Li 的反应造成的。在早期锂电池中，其负极材料是金属 Li，循环过程中会有新的 Li 单质生成，这种 Li 单质具有比较高的比表面积和反应活性，PC 与金属 Li 的反应是不可避免的。其次是在锂离子电池中石墨负极的溶剂共嵌入导致剥落分解和首次不可逆容量问题，这主要是由 PC 在充电过程中的共嵌入造成的。除此之外，使用 PC 的早期可充放电锂电池存在非常严重的安全问题。在循环过程中，Li^+的不均沉积会导致锂枝晶的形成，随着枝晶的长大，隔膜被刺穿，造成电池短路。综上所述，PC 很难作为单一的溶剂应用于锂电池和锂离子电池中。

相比于 PC，EC 具有比较高的分子对称性和熔点。研究表明 EC 作为一种共溶剂加入电解液中，可提高电解液的离子电导率；少量 EC 的添加即可大幅降低电解液的熔点，一般作为一种共溶剂应用于锂电池和锂离子电池中，已经取得了大规模商业化应用。EC 基电解质相对于 PC 基电解质来说，具有较高的离子电导率、较好的界面性质，能够形成稳定的 SEI 膜，解决了石墨负极的溶剂共嵌入问题。然而，EC 的高熔点限制了电解质在低温的应用，低温电解质需要开发其他溶剂体系。

近年来通过一系列的研究发现 EC 是电解液中必不可少的部分，为了使 EC 基电解液能够应用于低温，科研工作者试图在电解液中加入其他的共溶剂来实现。这些共溶剂主要包括 PC 和一系列的醚类溶剂，但是 PC 的加入会导致很大的首次不可逆容量，醚的加入会降低电解液的电化学稳定窗口，所以开始考虑线形碳酸酯。DMC 具有低黏度、低沸点、低介电常数，它能与 EC 以任意比例互溶，得到的混合溶剂以一种协同效应的方式集合了两种溶剂的优势：锂盐解离能力高、抗氧化性高、黏度低。这种性质与有机醚类是不同的，该协同效应的机理目前还不是很清楚。除了 DMC 以外，还有很多其他线形碳酸酯(如 DEC、EMC 等)也渐渐地被应用于锂离子电池中，其性能与 DMC 相似。目前，常用的锂离子电池电解质溶剂主要是由 EC 和一种或几种线形碳酸酯混合而成的。

在 20 世纪 80 年代，醚类溶剂引起广泛的关注，因为它们具有低的黏度、高的离子电导率和相对于 PC 改善的 Li 负极表面形貌。其中主要研究集中于 THF、2-Me-THF、DME 和聚醚等，发现它们虽然循环效率有所提高，但是也存在很多问题，限制了它们的实际应用。首先容量保持率比较差，随着循环进行，容量衰减较快；其次在长循环过程中仍然会有锂枝晶产生，导致安全问题；最后醚类溶剂抗氧化性比较差，在低电势下很容易被分解。如在 Pt 表面，THF 的氧化电势仅为 4.0V($vs.$ Li$^+$/Li$^+$)，而环状碳酸酯能够达到 5.0V。很多高电压的正极材料需要在 4.0V 或以上工作，这就限制了醚类溶剂的应用。在目前研究的锂硫电池和锂-空气电池中(其充电电压低于 4.0V)，醚类溶剂有希望得到应用。

3.2.2 离子液体电解质

室温离子液体，简言之就是由正、负离子组成的室温下呈液态的盐，所以又称室温熔盐，其整体显电中性。离子液体相当于室温下的熔融盐，所以它的导电机理与熔融电解质相同。

离子液体主要由特定的有机阳离子(如烷基咪唑类、烷基吡啶类、季铵盐类和季磷盐类阳离子)和无机阴离子(如 Cl$^-$、[BF$_4$]$^-$、[AlCl$_4$]$^-$、[Al$_2$Cl$_7$]$^-$ 等)构成，电导率高，电化学稳定性好，被誉为绿色溶剂。

为什么高温熔盐和室温离子液体同样都是阴阳离子组成的物质，而熔点却相差很大呢？这需要从分子水平解释。对于任何一种盐，其熔点取决于阴阳离子之间的静电势，由于普通离子晶体阴阳离子半径较小，且离子大小相差不大，阴阳离子之间的静电势很高，可以形成牢固的离子键，因而展现出很高的熔点。而室温离子液体中巨大的阳离子与相对简单的阴离子具有高度不对称性，造成空间位阻，使阴阳离子微观上难以紧密堆积，从而阻碍其结晶，阴阳离子无法有序且有效地相互吸引，明显降低了阴阳离子之间的静电势，所以熔点很低。在离子液体中，有机阳离子的大小和形状对决定其熔点大小起着决定性的作用，一般来说，阳离子体积越大，所对应离子液体的熔点就越低。在阳离子相同的情况下，阴离子的体积对熔点影响显著，一般随阴离子体积增大，熔点升高，但这种规律在阴离子体积特别大时并不适用。离子液体的离子导电性是其电化学应用的基础，故电导率是其重要的电化学性质之一，室温下离子液体的离子电导率一般为 10^{-3}～10^{-4}S/cm，其大小与离子液体的黏度、分子量、密度以及离子大小有关。其中黏度的影响最明显，黏度越大，离子导电性越差。而常温下大多数离子液体的黏度都较常规有机分子溶剂的黏度大得多，许多室温离子液体的黏度可以达到水黏度的几十倍甚至上百倍。

离子液体与水溶液相比，电化学稳定窗口宽，不挥发，不易燃，又具有较宽的液态温度范围，所以它在电化学中应用日益广泛，目前已经应用于电池、电沉积、电抛光、电合成、双电层电容器、传感器、抗静电剂等领域。

在离子液体中加入适当的锂盐后，可用作锂离子电池的电解质。如将锂盐加入 [DMFP]BF$_4$ (1,2-二甲基-4-氟吡啶四氟硼酸盐)离子液体中作为锂离子电池的电解液，可在很宽的温度范围内和锂稳定共存，热稳定温度达 300℃，分解电势大于 5V($vs.$ Li$^+$/Li)，嵌脱锂可逆性也很高。离子液体具有蒸气压低、无可燃性、热容量大等优点，如果能取代有机电解液则有望彻底解决锂离子电池的安全性问题。但目前离子液体用作锂离子电池电解质的突出问题是与电极材料的相容性差，电极材料在离子液体中难以表现出理想的嵌脱锂性能和循环性能。

3.2.3 水系液态电解质

水系液态电解质主要由水和相应活性离子盐组成，在电化学储能电池系统中，与有机液态电解质、离子液体电解质、聚合物固态电解质和无机固态电解质等相比，水系液态电解质在离子电导率、界面润湿性、安全性和对环境友好性方面具有优势。然而，其窄的电化学稳定窗口、电极溶解/副反应和温度变化不稳定性导致水系电化学储能电池的能量密度低、周期寿命不理想和工作温度窗口有限。

为了缓解窄电化学稳定窗口、电极溶解/副反应和含水电解质温度变化不稳定性的挑战，过去几年大量报道了各种策略，包括电解质添加剂、盐浓度、电解质凝胶化、pH 控制、混合溶剂、界面调控和突破盐溶解度限制等。相关成就显著，迅速推动了水系电池在储能系统中的应用，尤其是在浓盐电解质领域的成就。超浓缩电解质可与"溶剂化离子液体""盐中溶剂"和"局部浓缩"电解质一起包括在盐浓缩电解质中，这些电解质继承了"盐中聚合物"电解质。目前，盐浓缩策略对高能量和高稳定性的水系电化学储能电池最有效，而盐的成本对于大规模应用来说是一个挑战。未来，如果发现更好的非水溶剂，混合溶剂策略可以更具竞争力，这不仅可以降低成本，还可以生成更稳定的电极/电解质界面，从而稳定水系电化学储能电池。人工 SEI/CEI 膜可能是另一种有前途的方法，然而，它在技术上比混合溶剂更难制造，因此可能需要更长的时间来开发。

尽管取得了重大进展，但水系液态电解质及其电化学储能电池的进一步商业化仍面临一些潜在挑战。

(1) 需要改进对水系液态电解质的模拟和表征。溶剂化鞘层的分子动力学模拟参数和电极/电解质界面的密度泛函理论计算参数应认真预设，而不是为了支持所获得的实验结果而故意设定。在离子溶剂化结构的实验表征中，傅里叶变换红外光谱、拉曼光谱和核磁共振光谱主要作为间接方法使用，而很少有直接方法的工作报道。X 射线纳米成像用于了解盐包水电解质的优势，这为盐包水电解质与传统水系液态电解质相比的稳定性提供了直接证据。然而，这是微米/亚微米表征，无法接近亚纳米尺寸的离子溶剂化鞘。据报道，原位液态电池透射电子显微镜(TEM)分析揭示了羟基磷灰石的纳米级矿化路径，路径显示出表征水系液态电解质的潜力。

(2) 应重新考虑高浓度的必要性。例如，在 $ZnCl_2$ 系统中，选择饱和状态下 7.5mol/L 而不是 30mol/L 的浓度作为调节电解质结构的最佳浓度，从而抑制水的冻结。这意味着，在某些情况下，过于浓缩可能与过于稀释一样糟糕。此外，海水可通过 Zn-Mn 合金阳极作为具有稳定界面过程的水系可充电锌离子电池的理想电解液，进一步证明适当的浓度和合理的界面设计比追求更高浓度的水系液电解质更为关键。

(3) Tarascon 等指出，应用盐包水电解质(最受欢迎的盐浓缩物种)仍有很长的路要走，因为它们的原位生长 SEI 膜脆弱且高温性能差。盐浓缩电解质带来的最明显的好处是它们的电化学稳定窗口拓宽，因此通过与高工作电压电极配对，水系电化学储能电池的能量密度更高。然而，由于高黏度和缓慢的界面过程，浓盐体系中的电极动力学和传质通常是不理想的。纳米尺寸电极是克服动力学问题的有效方法，当用于盐浓缩电解质时，其平衡了电解质的宽电化学稳定窗口和电极的高容量。除了它们相对低的工作电压之外，锌-空气电池和水液流电池被认为是有效的水系电池，通过其显著增强的容量来显著提高能量密度，这是盐浓缩策略的有前途的替代品。在某种程度上，锌-空气电池和水液流电池是锂离子电池的合适替代品，因为它们具有高能量密度和出色的安全性，这两者在未来同样重要。

(4) 最后一个问题是工业界和学术界之间的差距。事实上，基于有限数量的指标报告性能并不能真实地反映实际使用所需的电池性能。虽然没有必要在基础研究中强制要求电极和纽扣电池设计的标准化，但了解纽扣电池设计、制造和测试方案对测试结果的影响至关重要，为未来的研究和应用提供更可靠的结果。对于实际应用，水系电化学储能电池中的自放电问题不容忽视，这不仅是由宏观和微观的短路和电极溶解引起的，而且是由电极和水系液态电解质之间的直接化学反应(腐蚀)引起的，特别是对于 Zn 电极。据报道，锌金属基水系电池的长循环寿命通常是通过立即测试纽扣电池来获得的，而忽略了老化效应。使用锌箔作为工作电极和集流体在电池放大时会引起许多问题。因此，有必要构建具有更长寿命的 Zn 粉末/集流体配置。

如上所述，具有高容量(高能量密度)的锌-空气电池和水系二次电池有望用于大规模储能。在液流电池中，$Zn-Br_2$ 电池和 $Zn-I_2$ 电池的动力学优于铁铬(Fe-Cr)电池，而 Zn 腐蚀与水系二次电池的腐蚀一起具有阻碍性。在锌-空气电池中，除了 Zn 金属阳极的问题外，阴极侧 ORR/OER 的动力学迟缓也导致了大极化和低能效。光的引入已被证明可以增强 ORR/OER 的反应动力学，从而增强电化学性能。因此，如果对氧阴极光电化学过程的理论认识更深入，同时相关表征技术更加先进，电和光的协同作用可以在热力学和动力学上设计出更好的锌-空气电池。总体而言，通过开发新的水系液态电解质概念，水系电化学储能系统已经得到了广泛的研究，但在大规模应用之前仍有挑战需要解决。

3.3 固态电解质的结构及性质

3.3.1 聚合物固态电解质

聚合物固态电解质(solid polymer electrolyte，SPE)，有时又称高分子电解质。高分子聚合物在受到低分子溶剂溶胀后形成空间网状结构，即将溶剂分散在聚合物基体中。经过溶胀之后的聚合物溶液变成了凝胶聚合物，从而不再有液体般的流动性。因此，凝胶是介于固态和液态之间的物质形态，它的性能同样介于固态和液态之间，因其特殊结构，凝胶聚合物兼有液体的传输扩散能力和固体的内聚特性。

随着聚合物固态电解质的研究不断深入，二次电池具有安全性优异、能量密度高、电化学稳定窗口宽、无记忆效应等优异性能，而且其灵活的设计，避免了传统电池电解液漏液的问题。聚合物固态电解质与液态电解质相比，其优势在于以下几方面。

(1) 易加工，电池形状设计不再局限于圆柱形和方形，电池柔韧性强，可以加工、设计成任意形状。

(2) 电解质与电极材料之间反应活性降低，尤其适合高活性电极材料，有利于延长循环寿命、提高循环稳定性。

(3) 界面活性低，界面反应要远弱于液态电解质。

(4) 电解质易燃性降低，不易渗漏，可以具有阻燃、自灭火功能，电池安全性提高。

(5) 电池抗振动能力提高。

(6) 正、负极之间间隔变小，电池可以做得更加紧凑，电池组的能量密度更高。

聚合物固态电解质的导电机理主要有以下模型。

(1) 螺旋隧道模型。聚氧化乙烯(PEO)是一种热塑性聚合物，熔点只有 60℃。Amand 等报道了 PEO 与金属阳离子形成的络合物(PEO)$_n$-Li$_x$ 的熔点可达到 180℃，这种络合物的电导率会随温度的升高而增加，并且当 8 个氧原子与 1 个金属原子络合时，其电导率最高。基于此实验结果，Amand 等提出了螺旋隧道模型离子导电机理。他们认为，PEO 分子中的 O 原子能形成一种特殊结构的"笼"，导电离子会被包含在里面，离子会在隧道中迁移，从而导电。当温升高时，这种螺旋隧道会有"空笼"出现，使被包含在内的离子迁移更加容易，所以(PEO)$_n$-Li$_x$ 的离子电导率会随温度的升高而增加，示意图如图 3-4 所示。

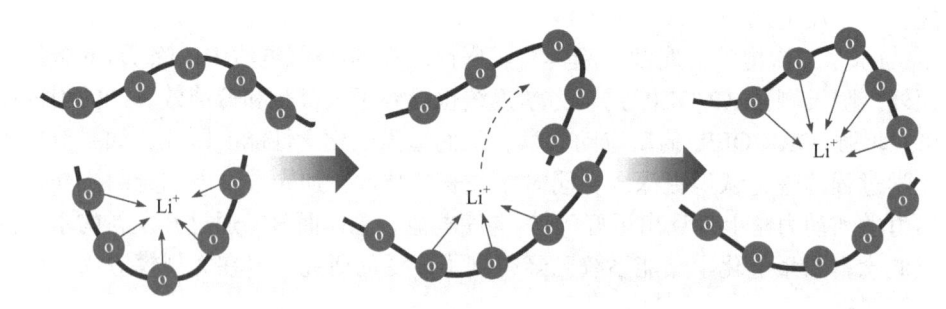

图 3-4 Li$^+$ 在 PEO 聚合物固态电解质中的扩散示意图

(2) 非晶层离子导电模型。大多数高分子聚合物和金属离子形成的络合物，在温度较低时结晶度很高，在温度较高时其结晶度会下降很多且非结晶部分会相应增加。离子很难在晶体中自由移动，所以其在低温时的离子电导率一般比较低，通常只有 10^{-7}～10^{-6} S/cm，而随温度的升高，离子电导率会明显增加。这种离子电导率随温度不同而出现较大差异的结果，与凝胶聚合物在温度不同时结晶度不同有很大关系。Rabitaile 等研究认为，离子电导率基本都是络合物"非结晶部"的贡献，通过对络合物进行核磁共振测试，发现离子的迁移基本都发生在非结晶区。Pluski 等认为碱金属盐与聚合物形成的络合物结构是以隔离、分散的晶粒为中心，在晶粒的表面上有一层非晶态的结构，而离子导电主要是在这层非晶态结构的高导电层中。他们提出了非晶层离子导电模型，并且给出了计算公式：

$$\sigma_g = \sigma_L[2\sigma_L - \sigma_N 2Y(\sigma_N - \sigma_L)]/[\sigma_L + \sigma_N - Y(\sigma_N - \sigma_L)]$$

式中，σ_g 为电解质电导率，S/cm；σ_L 为非晶层电导率，S/cm；σ_N 为晶粒电导率，S/cm。

(3) 其他模型。凝胶聚合物电解质的两种导电模型即非晶层离子导电模型和螺旋隧道模型，都是以离子盐与高分子聚合物络合为基础来进行探究和提出假设模型的。除此之外，高分子聚合物还是所形成的络合物主体，其本身的性质也对离子电导率有很大影响。溶剂也是凝胶聚合物电解质的重要组成部分，因此，离子的溶剂化导电模型也可以解释凝胶聚合物电解质的离子导电性。溶剂与金属离子络合性能的好坏，以及金属离子之间溶剂化作用的程度，都对凝胶聚合物电解质的离子电导率有重要影响。

综上所述，当阴阳离子的解离度越高，自由移动的阳离子的数目越多，单个离子所带电荷越多，离子移动性越好，离子电导率越高。阳离子迁移数和离子电导率是评判聚合物电解质导电性能的重要标准。但是很多电化学装置在多次充放电时，阴离子易聚集在电极/电解质的表面，产生浓差极化现象，电极表面离子浓度和电解质本体之间产生一定的浓度差，影响电极电势，可能会产生和外加电场相反的极化电压，阻碍 Li^+ 的迁移，降低电池的使用寿命和性能，所以解决这一问题的关键因素是制备阳离子迁移数较高的聚合物电解质。

常见聚合物电解质有如下几种。

(1) PEO 基。PEO 是 1973 年首次被发现能够溶解金属盐类，至今仍是研究最深入、应用最广泛的聚合物电解质之一。PEO 是极性聚合物，可溶解锂盐，玻璃化转变温度比较低。从离子离合度看，EO 几乎是最好的结构单元，其缺点是结晶度较高，通常条件下结晶严重。PEO 为单斜结构，a=0.805nm，b=1.304nm，c=1.948nm，$P2_1/a$ 空间群，PEO 材料的柔顺性比较好。PEO-$LiCF_3SO_3$ 体系的结晶相中 EO 与 Li 的摩尔比为 3:1，即为 $P(EO)_3LiCF_3SO_3$，$P2_1/a$ 空间群，a=1.0064nm，b=0.8614nm，c=1.444nm，β=97.65°，单胞参数与 PEO 的分子量有关，单胞中每个锂离子和 5 个原子作用，其中 3 个来自 PEO，另外 2 个来自锂盐阴离子。

纯 PEO 聚合物固态电解质的室温离子电导率为 $10^{-8}\sim10^{-7}$S/cm，主要原因是 PEO 结晶度高，限制了聚合物链段的局部松弛运动，进而阻碍了 Li^+ 在聚合物离子配位点之间的快速迁移。针对聚环氧乙烷基聚合物固态电解质所存在的问题，科研人员主要从抑制聚合物结晶(接枝共聚、嵌段共聚、掺杂纳米颗粒和无机快离子导体)、降低玻璃化转变温度、增加载流子浓度、提高锂离子迁移数及增加聚合物电解质与锂电极之间的界面稳定性等方面开展了一系列工作。Seki 等采用有机-无机复合理念制备出可用于高电压电池的聚合物固态电解质体系；Khurana 团队利用交联方法得到聚乙烯/聚环氧乙烷聚合物固态电解质，可有效抑制锂枝晶的生长，提高其长循环和安全特性；斯坦福大学的 Lin 等采用原位合成 SiO_2 纳米微球和聚环氧乙烷的制备工艺，降低基体材料的结晶度，提高室温离子电导率；法国 Bouchet 等开发了一种单离子聚合物固态电解质，离子迁移数接近 1，可以显著降低浓差极化，提高充放电速率，但这款聚合物电解质需要在高温(60℃及以上)下才可以运行。虽然改性后的 PEO 聚合物固态电解质的室温离子电导率已经接近 $10^{-5}\sim10^{-4}$S/cm，但仍难以满足固态聚合物锂离子电池对室温离子电导率和快速充放电的要求。与此同时，还需要进一步提升聚环氧乙烷基聚合物固态电解质的抗高电压稳定性和尺寸热稳定性等多方面性能。

(2) 聚硅氧烷基聚合物固态电解质。不同于聚环氧乙烷，聚硅氧烷尺寸热稳定性好，不容易燃烧，并且其玻璃化转变温度较低，因此制备得到的聚合物固态电解质安全性更高，室温离子传导更容易。按照硅氧烷链段与低聚氧化乙烯链段结合的方式进行分子设计，使聚合物兼具无机聚合物和有机聚合物的特性，以提高聚合物固态电解质的综合性能。Macfarlan等从降低聚合物固态电解质玻璃化转变温度的角度出发，设计成了一系列主链为—Si—O—CH$_2$CH$_2$O—的硅氧烷类聚合物。结果表明该聚合物的玻璃化转变温度介于聚硅氧烷和聚氧化乙烯之间，且该聚合物固态电解质体系的离子电导率高于聚氧化乙烯类电解质体系。Fish等将聚硅氧烷作为主链、聚氧化乙烯链段作为侧链，制备得到新的聚合物体系，其室温离子电导率可达7×10^{-5}S/cm。

聚硅氧烷基聚合物固态电解质虽然具有诸多优点，但是其从基础研究到中试放大甚至产业化，还需要解决成本、制造加工成型及与正、负极的界面相容性等问题。

(3) 聚碳酸酯基聚合物固态电解质。要获得室温离子电导率更高的聚合物固态电解质，就要对聚合物官能团和链段结构进行精心设计和有效选择才能够有效减弱阴阳离子间相互作用。链段柔顺性好的无定形结构聚合物是一类理想的聚合物固态电解质基体材料，聚碳酸酯就是其中一类。聚碳酸酯基固态聚合物含有强极性碳酸酯基团，介电常数高，是一类高性能聚合物固态电解质，主要包括聚三亚甲基碳酸酯、聚碳酸乙烯酯、聚碳酸丙烯酯和聚碳酸亚乙烯酯等。聚三亚甲基碳酸酯是一种在室温下呈橡胶态的无定形聚合物，尺寸热稳定性好。聚三亚甲基碳酸酯基聚合物固态电解质的电化学稳定窗口普遍在4.5V以上，但由于其化学结构和空间位阻的影响，其室温离子电导率偏低。聚碳酸丙烯酯(PCPP)是一种由二氧化碳和环氧化丙烯共聚反应得到的新型可降解聚碳酸酯，每一个重复单元中也都有一个极性很强的碳酸酯团。Zhang等通过调节不同取代基和侧链官能团，设计出一种室温下高离子电导率聚合物固态电解质PCPP，原因在于PCPP具有无定形结构，且具有更加柔顺的链段，"刚柔并济"聚合物电解质的设计理念更有利于实现锂离子在链段中的迁移。众所周知，在液态锂离子电池中，碳酸亚乙烯酯(VC)常被用作SEI成膜剂。基于碳酸亚乙烯酯中存在可聚合双键以及减少固态锂电池中固固接触阻抗等方面的考虑，Chai等以碳酸亚乙烯酯为单体，在引发剂存在情况下，原位构筑了聚碳酸亚乙烯酯基聚合物固态电解质。结果表明，该聚合物固态电解质的室温离子电导率高、电化学稳定窗口宽(4.5V)、固固接触阻抗低，大大提升了固态聚合物锂离子电池的倍率充放电性能及长循环稳定性。聚碳酸酯基聚合物固态电解质固然具有耐热性好、离子电导率相对较高等优点，但离子电导率仍需进一步提升以满足固态锂电池对倍率充放电性能的苛刻要求；同时还需要充分研究其与各种电极材料的电化学和化学兼容性，为进一步开发高性能固态聚合物锂离子电池储备更多技术和经验。

3.3.2 无机固态电解质

无机固态电解质是指在电场作用下离子移动而具有导电性的固态物质。不同无机固态电解的导电能力往往相差悬殊，例如常温下KAg$_4$I$_5$电导率为24S/m，而AgBr为4×10^{-7}S/m。固态电解质在电化学很多领域都有应用，如在350℃下工作的钠硫电池使用

β-Al$_2$O$_3$(Na$_2$O·11Al$_2$O$_3$)作为固态电解质传导钠离子，1000℃下工作的固体氧化物燃料电池采用掺杂 8%～10%(摩尔分数)Y$_2$O$_3$ 的 ZrO$_2$ 固态电解质传导 O^{2-}。由于无机固态电解质中的离子可以在外电场作用下快速移动，所以无机固态电解质也称快离子导体。许多快离子导体通过与第二相的混合，电导率可以提高若干个数量级。通常第二相都是绝缘材料，例如 Al$_2$O$_3$ 和 SiO$_2$ 等，它们与主体材料不能固溶。两相均为快离子导体的复合体系也有报道，如 AgBr 和 AgI、CaF$_2$ 和 BaF$_2$ 等。

1. 无机固态电解质的分类

常见的分类方法有两种。

按照传导离子的种类，可分为以下三类。

(1) 阴离子固态电解质。目前研究最多和应用最广的是氧离子电解质，如 ZrO$_2$-CaO、TbO$_2$-Y$_2$O$_3$ 等，经过研究的已有几十种。此外，还有氟离子固态电解质，如 CaF 等；氯离子固态电解质，如 PbCl$_2$ 和 KCl 等。

(2) 阳离子固态电解质。如银离子、钠离子、锂离子、铝离子、铜离子和三价稀土离子等固态电解质，其中 Na$_2$O-Al$_2$O$_3$ 是良好的钠离子固态电解质。

(3) 混合型固态电解质。混合型固态电解质中，阴离子和阳离子都具有不可忽视的导电性。

按照固态电解质工作时的温度也可以分为以下三类。

(1) 低温固态电解质。低温固态电解质在室温或室温以下就具有良好的离子导电性。Ag 在室温下的电导率大于 10^{-3}S/cm，是良好的低温固态电解质。

(2) 中温固态电解质。中温固态电解质的种类很多，例如 A$_2$O·β-M$_2$O$_3$(其中 A 是碱金属，M 是 Al、Ga 或 Fe)是良好的中温固态电解质。Na$_2$O·β-Al$_2$O$_3$ 在 200℃时电导率为 0.1S/cm。

(3) 高温固态电解质。固态燃料电池中氧离子电解质就属于这一类型，一般工作温度高于 600℃。在这些固态电解质中，氧离子电解质应用较广，也得到了很大的发展。早在 1900 年，能斯特就研究了氧离子电解质 ZrO$_2$-CaO。1908 年，人们对氧离子电解质进行了热力学研究，但当时还缺乏对其本质的了解。直到 1943 年，瓦格纳(Wagner)为了解释导电机理，提出了空穴模型。氧离子电解质是一个多学科交叉的研究方向，特别是近年来，为了解决化石能源污染环境的问题，满足对新型高效清洁能源和大容量电池的迫切需要，氧离子电解质的研究得到了蓬勃发展。氧离子电解质是指那些具有能够快速运动的氧离子的固态电解质材料。它以氧离子为载流子，氧离子通过晶格迁移而运动，即氧离子受热激活从一个晶体格位跃迁到另一个晶体格位，由此产生了电荷的传输。所以，氧离子电解质的电学性能在很大程度上对温度变化很敏感。高温(>800℃)时氧离子电解质的电导率可达 1.0S/cm，几乎与液态电解质的导电能力相当。

无机固态电解质按阴离子的种类不同，可分为氧化物固态电解质、硫化物固态电解质和少量其他固态电解质体系。

由于电化学储能电池中有机电解液存在安全隐患，所以近年来人们开始研究无机固态电解质。以商业化最成熟的锂离子电池为例，锂无机固态电解质又称锂快离子导体，包括晶态电解质(又称陶瓷电解质)和非晶态电解质(又称玻璃电解质)，主要传导离子是 Li^+。

锂陶瓷固态电解质从结构上主要分为 NASICON 型、LISICON 型、钙钛矿型、LiPON 型、石榴石(Garnet)型等。术语 NASICON 意思是 Na super ionic conductor(钠超离子导体)，NASICON 型锂陶瓷固态电解质的通式为 $NaM_2(PO_4)_3$(M=Ge、Ti 和 Zr)，由 MO_6 八面体和 PO_4 四面体组成$[M_2P_3O_{12}]$共价骨架，其中存在两类间隙位置允许阳离子进入。阳离子通过间隙位置迁移，间隙的尺寸取决于两类间隙位置、阳离子浓度与种类以及骨架离子的本性，这类材料的结构和电性能与骨架组成密切相关，代表陶瓷固态电解质如 $Na_3Zr_2Si_2PO_{12}$、$LiZr_2(PO_4)_3$、$LiTi_2(PO_4)_3$、$Li_{1.3}Al_{0.3}Ti_{1.7}(PO_4)_3$(LATP)等。术语 LISICON 意思是 lithium super ionic conductor(锂超离子导体)，LSICON 型与 NASICON 型类似，基本分子式为 $Li_{1+x}M_{2-x}M'_xP_3O_{12}$(M=Ti、Ge、Hf，M'=Al、In)，25℃时本体离子电导率为 $2\times10^{-4}\sim8\times10^{-4}$S/cm，颗粒边界阻抗的影响引起粉体材料离子电导率明显降低，达到 10^{-5}S/cm 甚至更低，代表陶瓷固态电解质如 $Li_{14}Zn_4GeO_6$、$Li_{12}Zn(GeO_4)_4$ 等。钙钛矿型陶瓷固态电解质一般通式为 ABO_3，A 位空穴浓度比较大时，锂离子电导率也就比较大，原因在于允许锂离子以空穴传导机理通过 A 位运动。在 400K 以下，遵循阿伦尼乌斯(Arrhenius)定律，活化能为 0.37eV；在 400K 以上，电导率遵循 Vogel-Tammann-Fulcher 关系，1993 年报道的 $La_{0.5}Li_{0.34}TiO_{2.94}$ 在室温下锂离子电导率为 1mS/cm。NASICON 和 LISICON 的导电机理是间隙中的 Li^+在晶格的三维网络结构中迁移扩散，钙钛矿型的导电机理是 Li^+通过空位进行扩散传输。LiPON 型陶瓷电解质离子电导率的大小取决于材料中非晶态结构和 N 含量，N 含量的增加可以提高离子电导率。Garnet 型陶瓷固态电解质典型的分子式为 $Li_7La_3Zr_2O_{12}$。在该晶体结构中，ZrO_6 八面体与 LaO_8 十二面体相连形成三维骨架结构，而 Li 原子和 Li 空位在等能量的四面体间隙和扭曲的八面体间隙中随机分布，构成三维网络。这两套结构交织在一起，共同构成了 Garnet 型复合氧化物的晶体结构。

玻璃态氧化物锂无机固态电解质是由网络形成氧化物(SiO_2、B_2O_3、P_2O_5 等)和网络改性氧化物(如 LiO_2 等)组成的，在低温下为动力学稳定体系，网络形成物形成强烈的相互连接的巨分子链，并且为长程无序，网络改性物与网络形成物发生化学反应，打破巨分子链中的氧桥，降低巨分子链的平均长度，在其结构中只有 Li^+能够移动，决定着玻璃态无机固态电解质的导电性。这类材料容易制成微电池中的薄膜电解质，对金属锂和空气稳定；但是离子电导率比较低，可以通过掺杂来改善性能。

2. 无机固态电解质的制备方法

无机固态电解质的电学性能、力学性能、热学性能等与其微观晶粒大小、相组成、晶界等有关，这些主要取决于材料的种类和制备方法。无机固态电解质常见的制备方法有固相反应法、溶胶-凝胶法、柠檬酸-硝酸盐燃烧法、甘氨酸-硝酸盐合成法、Pechini 法、共沉淀法、微乳液法等。各种制备方法均有其优缺点，如对这些制备方法详细信息感兴趣的可以查看相关的书籍和文献。

3. 无机固态电解质的界面问题

目前针对无机固态电解质界面的研究方向主要包括：无机固态电解质晶界阻抗以及晶界消除方法；电极与无机固态电解质界面相容性(副反应、枝晶、空层)；电极与无机固态电解质界面存在的接触问题、体积效应、空间电荷效应、元素扩散等。常见的界面问题和相应的解决方案如图 3-5 所示。

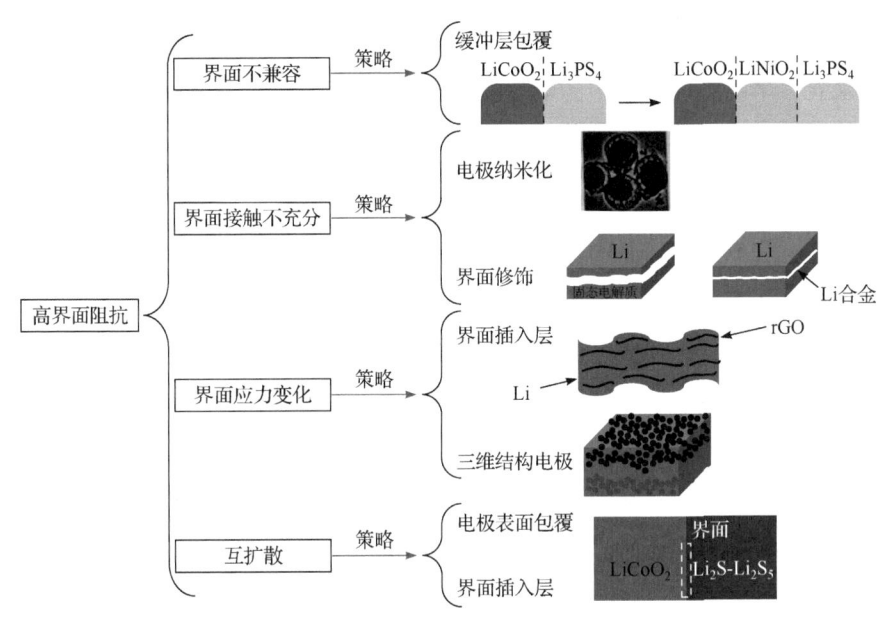

图 3-5 无机固态电解质全固态电池界面问题及解决策略

rGO 表示还原氧化石墨烯

采用固态电解质的固态电池可以从根本上解决现有锂离子电池的安全问题，为实现高安全、高能量密度、长寿命储能体系提供了可行的发展方向。设计制备无机/聚合物复合固态电解质，在各相之间界面搭建离子快速传输通道，通过多组分之间的协同作用实现优势互补。复合电解质是固态电解质体系实现兼具力学加工性、离子导电性和电化学稳定性的最优选择之一。针对固态电池存在的界面阻抗高且随循环界面副反应严重以及枝晶等问题，可以通过界面修饰以及固态电解质、电极活性物质改性等方式进行优化和改善。特别是固态电解质/金属锂的界面问题，通过金属锂负极保护可以抑制枝晶生长，延缓副反应对界面的破坏，对界面应力进行有效调控。

3.3.3 半固态电解质

由于全固态电池还有离子电导率低导致性能变差、成本高等缺点有待解决，而半固态电池由于高安全性、长寿命与良好的经济性，成为液态电池向全固态电池过渡的产品。严格来说，它不属于固态电池的范畴，而是传统锂离子电池的材料改进而来的。具体来说就是在液态电解质中添加其他成分，同时结合涂覆隔膜的一些制作情况，进行电解液的材料改性。因为它们都不能完全摒除液态电池的一些根本的问题，只是在原有的基础上提高了一些安全性能。半固态电解质主要有三类：凝胶聚合物固态电解质、液态电解质原位聚合半固态电解质和无机固态电解质复合有机液态电解质。即使像这种改性而来的半固态电解质，各家头部电池企业都有相应的技术储备。2022~2023年有一批领先的半固态电池企业逐渐发布车规级电池，例如，2022年蔚来发布ET7，东风发布E70，岚图发布追风等搭载半固态电池的车型，预计半固态电池的商业化转折点会在2024~2025年，2030~2035年全固态电池实现商业化应用。固态电池将优先从高端应用市场开始商业化，如无人机、医用等领域，逐步向动力及消费电池领域扩展。

综合来看，半固态电解质中的电解液毕竟变成了果冻状或凝胶状，向其中不管是添加六氟磷酸锂还是添加新型的锂源，为了提高导电水平，它的锂源用量整体应该也是提升的，成本比液态电解质较高。同时，由于半固态电解质与电极的界面接触问题，半固态电池的良品率较液态电池低，一般低于60%。

3.4 能源电化学电解质对电化学储能电池体系性能的影响

由于锂离子电池目前商业化程度最高，所以接下来以锂离子电池为例，详述电解质对电化学储能电池性能的影响。

3.4.1 对电化学储能电池容量的影响

虽然电极材料是决定电化学储能电池比容量的先决条件，但电解质也在很大程度上影响电极材料的可逆容量，这是因为电极材料的电化学反应过程和循环过程始终是与电解质相互作用的过程，这种相互作用对电极材料的界面状况和内部结构的变化有重要影响。例如，在锂离子电池工作过程中，除了锂离子嵌、脱时在正、负极发生氧化还原反应外，还存在着大量的副反应，如电解质在正、负极表面的氧化与还原分解、电极活性物质的表面钝化、电极与电解质界面间的界面阻抗高等，这些因素都在不同程度上影响电极材料的嵌、脱锂容量，因此有些电解质体系可以使电极材料表现出优良的嵌、脱锂容量，而有些电解质体系则对电极材料具有很大的破坏性。

3.4.2 对电化学储能电池内阻及倍率充放电性能的影响

内阻是指电流通过电化学储能电池时所受到的阻力，它包括欧姆内阻和电极在电化学过程中所表现的极化阻力，对于锂离子电池而言，还应包括电极/电解质界面电阻。为此，欧姆内阻、电极/电解质界面电阻和极化内阻之和为电化学储能电池的全内阻，它是衡量电化学储能电池性能的一个重要指标，并且直接影响电池的工作电压、工作电流、输出的能量和功率等。

电化学储能电池的欧姆内阻主要源于电解质的导电性，此外还应包括电极材料和隔膜的电阻。电解质部分的导电机理是离子导电，导电过程中受到的阻力通常要比电子导电部分受到的阻力大得多。电极/电解质界面电阻在电化学储能电池中有十分重要的意义，活性离子穿越该界面时的阻力越大，电池内阻越高。通常情况下，界面电阻明显高于欧姆内阻。另外，以锂离子电池为例，锂离子的嵌入和脱出都是在电极与电解质的相界面上进行的，该反应进行的难易程度，也就是电化学极化的程度，不仅与电极材料的本性有关，也和电解质与电极材料的界面状况、锂离子在电解质中的存在状态及锂离子与电解质间的相互作用等因素有关。从这个意义上讲，电解质体系的性质也在一定程度上对电化学储能电池的极化电阻产生影响。

倍率充放电性能是衡量电化学储能电池在快速充放电条件下容量保持能力的重要指标。电化学储能电池的倍率充放电性能取决于活性离子在电极材料中的迁移率、电解质的电导率、电极/电解质相界面的锂离子迁移率，其中后两者都与电解质的组成和性质密切相关。

3.4.3 对电化学储能电池操作温度范围的影响

由于发生在电极与电解质相界面的电极反应的温度依赖性大，在所有的环境因素中，温度对电化学储能电池性能的影响最为明显。低温条件下，电极反应的速率下降，甚至反应终止，电化学储能电池的性能明显下降，甚至无法正常使用。升高温度时，电极反应加剧，但电极/电解质相界面的副反应也同时加剧，这些副反应往往对电化学储能电池有很大的破坏性，电池的性能受到影响。因此，电化学储能电池工作的最佳温度应当是最有利于电极反应而没有明显副反应发生时的温度，例如，液态锂离子电池工作温度范围通常在-10~45℃；最低工作温度一般不低于-20℃，最高工作温度一般不超过60℃。对于有机液态电解质的锂离子电池而言，拓宽其工作温度范围的主要途径是拓展电解质的液程、提高电解质在低温条件下的电导率和高温条件下的稳定性。而对于固态电解质而言，要拓宽其工作温度范围，必须设法提高电解质在室温甚至低温条件下的电导率，并降低其与电极材料间的界面阻抗。

3.4.4 对电化学储能电池储存和循环寿命的影响

电化学储能电池在长期储存过程中的老化是影响电池储存性能的关键，例如，一个商品锂离子电池，即便从不使用，其储存寿命也仅有3年左右。电池老化的原因是多方面的，其中电极集流体的腐蚀和电极活性物质从集流体脱落而失去电化学活性是主要原因，而电解质的性质与集流体的腐蚀和电极材料在其中的稳定性密切相关，因此，电解质在很大程度上影响甚至决定着电化学储能电池存储寿命。

循环寿命是评价电化学储能电池优劣的一个重要指标，一般以电池的容量降低到某一特定值时的循环次数来度量。影响电化学储能电池循环寿命的因素很多，包括电极材料的稳定性、电解质的稳定性、充放电速率、充放电深度和温度等。对于锂离子电池而言，除了正确地使用和维护外，导致电池循环寿命不长的原因主要有以下几点。

(1) 电极活性物质在充放电过程中的活性比表面积不断减少，电池工作时的真实电流密度增大，电池内阻逐渐升高。

(2) 电极集流体的活性物质脱落或转移，失去应有的电化学活性。

(3) 电池工作过程中，某些材料在电解质中发生老化或腐蚀。

(4) 隔膜破损或局部关闭。

(5) 由于电解质在电极界面的氧化或还原反应，电解质失去导电能力，SEI 膜累积内阻增大。

由于上述因素的影响，目前，锂离子电池的正常使用寿命为 2~3 年，而上述因素大多与电解质的性质有一定关系。

3.4.5 对电化学储能电池安全性的影响

例如，锂离子电池以晶格内部储锂机理取代了传统的锂二次电池中金属锂的溶出和沉积，消除了负极表面枝晶锂的生长，减少电池短路的机会，但这并没有从根本上消除电池的安全隐患。如液态锂离子电池在过充电条件下负极表面同样会发生金属锂的沉积，而正极表面出现电解质在高电势条件下的氧化分解，电池内部出现一系列不安全的副反应。此外，电池在大电流充放电的情况下产生的大量热不能及时散失，导致电池的温度迅速升高，也会给电池带来显著的安全性问题。

虽然电极材料的稳定性、液态电解质组成以及电池本身的制造工艺和使用条件等都是影响电池安全性的主要因素，但液态锂离子电池安全性问题的根源仍然是有机液态电解质自身的挥发性和高度的可燃性。因此，对液态锂离子电池安全性的研究主要集中在电极材料与电解液的反应及其热效应方面，这些研究加深了人们对锂离子电池内部所发生的一系列放热反应和燃烧机理的认识。但要从根本上消除电池的安全隐患，必须消除有机溶剂的可燃性，开发安全性更高或使用根本不燃烧的电解质体系，特别是对于大型、高功率密度的锂离子电池而言。

3.4.6 对电化学储能电池自放电性能的影响

电化学储能电池的自放电速率取决于电极材料的种类和结构、电极/电解质的界面性质、电解质的组成和电池的生产工艺等。以锂离子电池为例，引起锂离子电池自放电的原因主要有以下两个方面。

(1) 负极的自放电。负极的自放电主要源于负极的锂以 Li^+ 形式脱出或进入电解质，其速率取决于负极的表面状况和表面催化活性。而负极的表面状况受电解质的影响十分明显，所以优化电解质的组成可以减小电池的自放电速率。

(2) 正极的自放电。正极的自放电是指电解质中的 Li^+ 嵌入正极材料的晶格中。其速率取决于 Li^+ 嵌入正极中的动力学因素，主要是正极/电解质的界面性质。

此外，电解质中杂质的出现也是造成电池自放电的重要原因，这是因为杂质的氧化电势一般低于电池的正极电势，容易在正极表面氧化，其氧化物又会在负极还原，从而不断消耗正、负极材料的活性物质，引起自放电。所以，电化学储能电池对电解质的组成和纯度要求很高。

3.4.7 对电化学储能电池过充电和过放电行为的影响

由于电化学储能电池电解质无法在电池正常工作时提供防过充或过放保护，因此，电池的抗过充电和过放电的能力是很差的。以锂离子电池为例，在一些实际应用条件下，多个锂离子电池串联使用以获得较高的电压时，往往存在明显的容量不匹配现象，电池组在充电时总会出现个别电池过充现象，放电时也会出现个别电池的过放电现象，这一方面对电池性能造成不可逆转的破坏，影响电池组的寿命，同时也给电池带来明显的安全隐患。

电解质的修饰和改性是防止电池过充放的重要途径，研究较多的是在有机液态电解质内部建立一种内在过充放保护机制。譬如，电解质中添加氧化还原飞梭电对，该物质在过充条件下，在正极发生氧化反应，氧化剂到负极表面还原，从而避免了电池电压的持续升高。

习　　题

1. 阐明能源电化学电解质离子电导率的影响因素。
2. 什么是离子淌度？
3. 什么是离子迁移数？
4. 什么是能源电化学电解质的电化学稳定窗口？
5. 简述能源电化学电解质的分类。
6. 简述影响能源电化学电解质离子运动速度的主要因素。
7. 为什么 H^+、OH^- 的运动速度、电导率和扩散系数都比其他离子大？
8. 为什么支持电解质能消除电迁移？
9. 有机液态电解质应具备哪些基础性能？
10. 有机液态电解质的溶剂选择有什么要求？
11. 简述离子液体电解质的优缺点。
12. 简述聚合物固态电解质与液态电解质相比的优势。
13. 简述聚合物固态电解质的导电机理。
14. 常见的聚合物固态电解质有哪几类？
15. 简述无机固态电解质分类方法。
16. 简述锂无机固态电解质的分类。
17. 简述能源电化学电解质对电化学储能电池体系性能有哪几方面的影响，并选其中一种影响详细阐述。
18. 综合分析活性离子迁移数对电化学储能系统电化学性能的影响。

第 4 章 能源电化学热力学

在电化学的世界中，电势差是连接自由能变化的桥梁。当两种导体接触时，它们之间的界面会自然形成电势差。原电池等装置通过热力学分析，可以预测其对外电路所能提供的最大电能。电极反应是一种特殊的异相催化氧化还原过程，主要在电极表面进行，其核心是电荷在不同物质相之间的转移，伴随着界面的化学变化。无论是固体、液体还是气体，不同相的接触都会在界面产生电势差，这对电化学反应至关重要。然而，单个界面的电势差是不可直接测量的。本章将深入探讨这些界面电势差的形成机制，以增进对电极电势及其在电化学反应中作用的理解。

4.1 相间电势与电极电势

原电池是由两个电子导体与离子导体相接触而形成的能自发地将电流输送到外电路中的电化学装置。带正、负电荷的粒子在界面的不均匀分布会导致电极电势发生改变，且电荷数量也会对电极电势产生重要影响，形成相间电势，如图 4-1 所示。

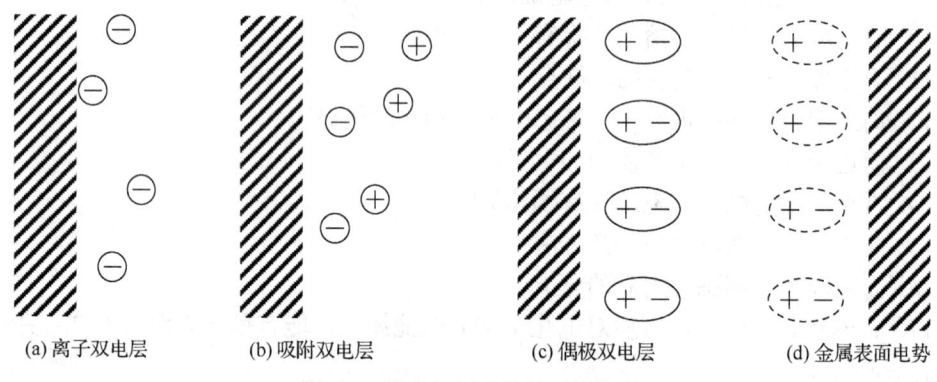

(a) 离子双电层　　(b) 吸附双电层　　(c) 偶极双电层　　(d) 金属表面电势

图 4-1 形成相间电势的可能情形

相间电势的形成主要有以下几种情况。

(1) 离子双电层：在电场的作用下，带电粒子在两相之间转移或在界面处积累剩余电荷，如图 4-1(a)所示。

(2) 吸附双电层：由于正、负电荷离子的吸附量存在差异，界面层近处和远处的离子电性相反，当体系稳定后，正、负电荷的离子将形成吸附双电层，如图 4-1(b)所示。

(3) 偶极双电层：不带电的极性分子和偶极子在界面处进行吸附，即形成偶极双电层，如图 4-1(c)所示。

(4) 金属表面电势：金属表面因短程力作用而形成表面电势差，如图 4-1(d)所示，同一种金属在不同溶液体系中的电势不同,这与溶液离子的类型、数量有关。

4.1.1 内电势与外电势

在电化学中,电极与电解液界面的电势差是通过电荷转移所做的功进行衡量。某带电物体(α)靠近其表面 $10^{-4} \sim 10^{-5}$ cm 处的电势成为外电势 Ψ,其数值等于将电量为 ze 的实验电荷无穷远处移至带电物体表面处 $10^{-4} \sim 10^{-5}$ cm 所做的功,即 $W_1 = ze\Psi$ (图 4-2),外电荷可直接被测量。如果将实验电荷从带电物体表面移入体相内部,则克服表面电势 χ 所做的功为 $W_2 = ze\chi$,表面电势差是由带电物质相表面形成偶极层所导致,这是由于液相中有机极性分子定向排列或金属表面层中电子密度不同。此外除了克服表面电势所做的功 W_2 外,还需克服粒子间短程作用的化学功,即化学势 μ (图 4-3)。

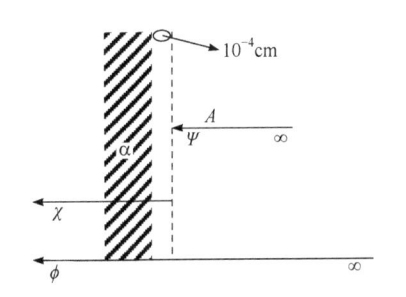

图 4-2 带电物体的内电势、外电势、表面电势

χ 表示距离

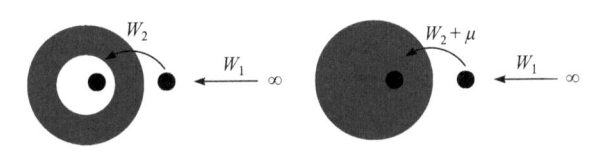

图 4-3 将试验电荷自无穷远处移至带电物体内部所做功的示意图

内电势 ϕ,又称伽伐尼电势,是指带电物体内部一点的电势。ϕ 分为两部分,表达式为

$$\phi = \Psi + \chi \tag{4-1}$$

由此可见,ϕ 在数值上等于将试验电荷自无穷远处移至带电物体内部所做的功 W_3。如图 4-2 所示,如果带电粒子间的化学力(短程力)可以忽略,则 $\phi = W_3 = W_1 + W_2 = ze(\Psi + \chi)$。其中,外电势 Ψ 可以测量,但表面电势 χ 无法测量,所以内电势不可被直接测量。

当试验电荷与带电物体的化学作用(短程力)不能被忽略时,需考虑试验电荷向带电物体内部转移所涉及的能量变化与带电物体内部的化学组成有关。假设 1mol 带电粒子进入 α 相,其所做的化学功等于该粒子的化学式 μ_i;若该粒子的荷电量为 ne_0,其所做的电功为 nF,F 为法拉第常量。因此,1mol 带电粒子进入 α 相所引起的能量变化为

$$\mu_i + nF\phi = \bar{\mu}_i \tag{4-2}$$

式中,$\bar{\mu}_i$ 为该粒子在 α 相中的电化学势,其取决于 α 相所带电荷的数量和分布情况,且与该粒子及 α 相的化学本质有关。

4.1.2 界面电势差

从严格的热力学意义上讲,任何导电相的内电势是不能精确测量的,即使能够测量,

意义也不大，因为内电势与外加场强有关。相对而言，电极和电解液之间的内电势差更有意义，因为该差值是决定电化学平衡态的主要因素。当金属 M 与溶液 S 相互接触时，两相之间的内电势差 $\phi_M - \phi_S$ 称为界面电势差 $\Delta\phi$。界面电势差直接影响界面两侧的荷电物质的相对能量，通过控制 $\Delta\phi$ 就能控制反应的方向。但是，单个界面的 $\Delta\phi$ 是不可测量的，因为在引入少于两个界面的情况下是无法与测量仪器连接的。

原电池电动势是断路时组成电池的各相界面电势差的代数和，也是两终端相的内电势之差。在进行电动势测量时，如果与电势计连接的两个终端相是由相同的物质组成的，即它们的物理性质及化学成分完全相同，则它们的表面电势差相等，由于两个表面是反向串联的，表面电势差相互抵消，所以直接测量出的两终端相的外电势差就等于它们的内电势差。由于外电势差是可测的，电动势就成为可测的了。

电动势的测量需要将两电极与电势计相连接，根据以上结论，此时必须正确断路，所谓正确断路是指将电池的两电极用同一种金属与测量仪表相连接，然后进行电动势的测量。以 Zn 电极与镀有一层 AgCl 的 Ag 电极插入 $ZnCl_2$ 溶液中构成的电池为例，该电池反应为

$$Zn + 2AgCl \Longrightarrow ZnCl_2 + 2Ag \tag{4-3}$$

可用式(4-4)表示该原电池

$$Zn \mid ZnCl_2(a) \mid AgCl(s) \mid Ag \tag{4-4}$$

将这两个电极分别接上铜导线进行测量即为正确断路，可用式(4-5)表示

$$Cu \mid Zn \mid ZnCl_2(a) \mid AgCl(s) \mid Ag \mid Cu \tag{4-5}$$

原电池的表示式中，负极总是写在左边，正极写在右边。式中竖线表示电池中两相间界面。

单个界面的界面电势差 $\Delta\phi$ 虽然不可测量，但仍然可以研究它的变化情况，即内电势差的改变量是可测的，如式(4-5)中 Zn 和 $ZnCl_2$ 之间的界面。如果保持电池中所有其他的接界的界面电势不变，那么任何电动势的变化都必须归结为 $Zn \mid ZnCl_2$ 的界面电势差的变化。保持其他的接界的界面电势差在恒温时恒定，至于银电极/电解质溶液界面，若参与半反应的物种的活度一定，其界面电势差也保持恒定。于是此时电池电势差的变化就是 $Zn \mid ZnCl_2$ 的界面电势差的变化。

4.1.3 电极电势

在特定体系中，若存在相互接触且在相界面上有电荷转移的两个导体相，即电子导体和离子导体，则称这个体系为电极体系。在电极体系中，电子导体(如金属、碳、导电聚合物)为电极，离子导体为电解质或电解液，而电子导体和离子导体的内电势差就是电极电势 φ。

在电极体系中，电极/电解液界面扮演着至关重要的角色，而电极电势的形成与这个界面上的离子双电层紧密相关。以金属电极为例，金属内部的晶格结构中既有固定的金属离子，也有能够自由移动的电子，它们共同构成了金属的微观世界。当金属表面的离

子受到周围环境的影响时，它们可能会脱离晶格。特别是金属表面的离子，由于它们处于晶格的边缘，相对于内部离子来说，更容易受到外界的吸引而脱离。在电解液中，存在着极性很强的溶剂分子，它们能够与金属阳离子形成一种特殊的结合，称为溶剂化作用。这些溶剂化的金属阳离子和阴离子在电解液中自由移动。想象一下，将金属浸入含有相应金属离子的溶液中时，溶剂分子会被金属表面的金属离子吸引，它们在金属表面定向排列，增强了金属离子脱离晶格的趋势。这种相互作用是金属电极表面带电性的决定因素。综合上述过程，我们可以了解到，在金属电极与电解液的界面上，存在着两种相互作用力：一种是溶剂分子对金属离子的吸引，另一种是金属晶格对离子的束缚。这两种力在界面上的平衡状态，最终决定了金属表面的电荷特性。

(1) 当金属晶格中的自由电子对金属离子的静电作用大于溶剂分子对其溶剂化作用时，界面的溶剂化金属离子趋向于脱溶剂化而沉积于金属表面。因此，金属表面带正电，如 Zn、Mn、Li、Fe 等。

(2) 当金属晶格中自由电子对金属离子的静电作用小于溶剂分子对其溶剂化作用时，表面的金属离子趋向于金属溶液中，使得金属表面带负电，如 Cu、Au、Pt 等。

金属离子脱离自由电子束缚的能力越强，则代表该金属电极电势越小；相反，若金属离子越容易脱溶剂化沉积于金属表面，则代表该金属电极电势越大。此外，电极电势越小的金属越容易失去电子，其还原态物质的还原能力越强，而氧化态物质的氧化能力越弱；电极电势越大的金属越容易得到电子，其氧化态物质的氧化能力越强，而还原态物质的还原能力越弱。

以铜锌电池(丹尼尔电池)所构成的电化学体系为例，说明电极与溶液界面电势差的形成过程。如图 4-4 所示，Zn 片插入 1mol/L ZnSO$_4$ 溶液中构成 Zn 半电池，Cu 片插入 1mol/L CuSO$_4$ 溶液中构成 Cu 半电池，两个半电池之间用盐桥连接，从而构成原电池体系。将 Zn 片和 Cu 片用导线连接，检流计指针向 Cu 片一侧偏转，代表有电子从 Zn 片向 Cu 片流入，此时 Zn 为负极，Cu 为正极。

Zn 半电池发生如下反应

$$Zn = Zn^{2+} + 2e^- \tag{4-6}$$

Zn 片失去电子，发生氧化反应变成 Zn^{2+}，Zn^{2+} 进入溶液相。

Cu 半电池发生如下反应

$$Cu^{2+} + 2e^- = Cu \tag{4-7}$$

Cu 片得到电子，Cu^{2+} 还原为 Cu 并沉积于 Cu 片上。

同理，当其他金属 M 与其电解液接触构成电极/电解液相界面时，M 越活泼，电解液越稀，则金属更易电离给出电子。相反，M 越不活泼，电解液越浓，则电解液阳离子更易与电子结合。当体系达到平衡时，对于 Zn 半电池来说，Zn 片会存在大量负电荷，而 Zn^{2+} 进入溶液使其电势高于 Zn 片。因此，在 Zn 和 Zn^{2+} 溶液的相界面形成了离子双电层，如图 4-5 所示。双电层的电势差是指金属与溶液间的电势差，即 Zn/Zn^{2+} 的电极电势 φ。当 Zn 和 Zn^{2+} 溶液均处于标准态时，该电势成为标准电极电势，用 $\varphi^\ominus$ 表示。

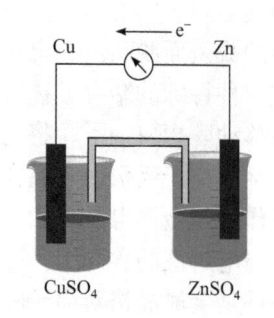

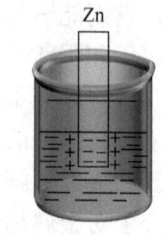

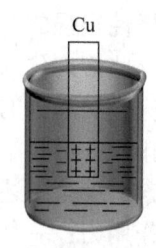

图 4-4 丹尼尔原电池示意图　　　　图 4-5 Zn 和 Cu 半电池的离子双电层

以 Zn 半电池所达到的平衡条件为例，相间平衡条件为

$$\bar{\mu}_{Zn^{2+}}^{S} + 2\bar{\mu}_{e}^{M} - \bar{\mu}_{Zn}^{M} = 0 \qquad (4\text{-}8)$$

由于 Zn 原子是电中性的，所以

$$\bar{\mu}_{Zn}^{M} = \mu_{Zn}^{M} \qquad (4\text{-}9)$$

又

$$\bar{\mu}_{Zn^{2+}}^{S} = \mu_{Zn^{2+}}^{S} + 2F\varphi^{S} \qquad (4\text{-}10)$$

$$\bar{\mu}_{e}^{M} = \mu_{e}^{M} - F\varphi^{M} \qquad (4\text{-}11)$$

将式(4-9)～式(4-11)代入式(4-8)，得

$$\varphi^{M} - \varphi^{S} = \frac{\mu_{Zn^{2+}}^{S} - \mu_{Zn}^{M}}{2F} + \frac{\mu_{e}^{M}}{F} \qquad (4\text{-}12)$$

式(4-12)即为 Zn 半电池所达到的平衡条件，以此推算电极反应平衡条件的通式为

$$\varphi^{M} - \varphi^{S} = \frac{\sum_{i} V_{i} \mu_{i}}{nF} + \frac{\mu_{e}^{M}}{F} \qquad (4\text{-}13)$$

式中，V_i 为物质的化学计量数，其中还原态物质取负值，氧化态物质取正值；n 为电子数目；$\varphi^{M} - \varphi^{S}$ 为电极与电解液的相间电势，也是电极电势。

根据以上公式，可得到 Zn 的标准电极电势为-0.76V，表示为

$$\varphi_{Zn^{2+}/Zn}^{\ominus} = -0.76 \text{ V} \qquad (4\text{-}14)$$

Cu 半电池的离子双电层结构与 Zn 半电池相反，当体系达到平衡时，由于大量的 Cu^{2+} 沉积于 Cu 片上，使得 Cu 片的电势高于其电解液。因此，Cu 的标准电极电势为

$$\varphi_{Cu^{2+}/Cu}^{\ominus} = +0.34 \text{ V} \qquad (4\text{-}15)$$

4.1.4 绝对电势与相对电势

已知电极电势 φ 是电子导体和离子导体的内电势差，在数值上等于电极的绝对电势。然而，由于两导体相间的表面电势差 $\Delta\chi$ 无法测量，因此目前无法测得半电池体系单个

电极的绝对电势。如图 4-6 所示,若要测量图中 Cu 电极的电极电势,又无法将电势差计与水溶液直接相连,就需引入金属 M(如 Zn),此时电势差计读数 E 为电池的电动势,即

$$E = (\varphi_{Zn} - \varphi_S) + (\varphi_S - \varphi_{Cu}) + (\varphi_{Cu} - \varphi_{Zn})$$
$$= \Delta_{Zn}\varphi_S + \Delta_S\varphi_{Cu} + \Delta_{Cu}\varphi_{Zn} \quad (4\text{-}16)$$

分析式(4-16),$\Delta_{Cu}\varphi_{Zn}$ 为金属接触电势,与 $\Delta_{Zn}\varphi_S$ 和 $\Delta_S\varphi_{Cu}$ 相比很小,因此可将 $\Delta_{Cu}\varphi_{Zn}$ 忽略,得出被测电极与引入的金属 M 电极的电极电势差,即被测电极的相对电势,也就是电池的电动势为

$$E \approx \Delta_{Zn}\varphi_S + \Delta_S\varphi_{Cu} = \varphi_+ - \varphi_- \quad (4\text{-}17)$$

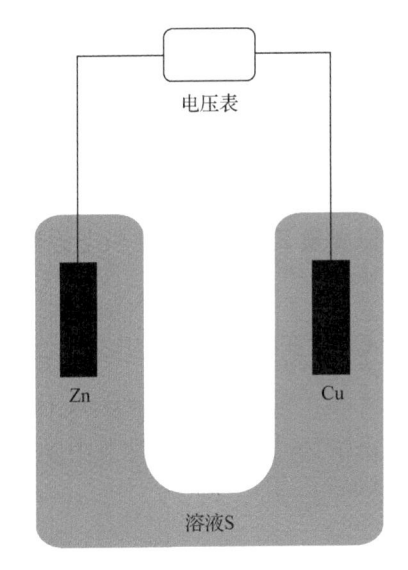

图 4-6 测量电极电势示意图

由此可见,通常所述的电极相对电势并不仅仅是被测金属 Cu 与引入金属 Zn 电极的内电势差值,还包含测量电池的金属接触电势。若组成该体系的电极处于标准状态,即满足电极的离子浓度为 1mol/L(离子活度 $a=1$),气体压强为 101.325kPa,温度为 298.15K,液体和固体都是纯净物质,则电池的标准电动势为

$$E^{\ominus} = \varphi_+^{\ominus} - \varphi_-^{\ominus} \quad (4\text{-}18)$$

在数值上,电极电势高的电极为正极,因此电池电动势的值为正值,即 $E > 0$。以丹尼尔电池体系为例,其原电池的符号表示为

$$(-)\text{Zn} \mid \text{Zn}^{2+} \mid \text{Cu}^{2+} \mid \text{Cu}(+)$$

Cu 片的电极电势高于 Zn 片,Cu 为正极,Zn 为负极,电子从 Zn 片流入 Cu 片。标准电池电动势为

$$E^{\ominus} = \varphi_+^{\ominus} - \varphi_-^{\ominus} = 0.34 - (-0.76) = 1.10(\text{V})$$

4.1.5 标准氢电极与标准电极电势

如上所述,某个电极的电极电势并不是绝对电势,而是相对电势,一般用符号 φ 表示。若要得到该电极的相对电极电势,则需引入另一个可作为基准的电极,这种能作为基准、具有恒定电极电势的电极称为参比电极。在实际的电化学实验中通常使用已知电势的参比电极(如甘汞电极、银/氯化银电极等)来测量其他电极的电势。这些参比电极的电势是通过与标准氢电极组成的电池进行外推测量得到的。

标准氢电极:基于氢气在电极表面上的氧化还原反应来工作的电极。氢电极通常由铂(Pt)或其他贵金属制成,并浸入含有氢离子(H$^+$)的电解质溶液中,同时通入氢气以保持电极表面的氢气饱和,在标准状态下规定其电势为 0。

基于此,可将被测电极与参比电极组成原电池体系,获得其电极电势。其原电池的

符号表示为

$$(Pt)H_2(g, p^\ominus)|H^+(a=1)\|待测电极 \qquad (4-19)$$

原电池的电动势就是被测电极的电极电势，即

$$E = \varphi_{待测} - \varphi_{H^+/H_2}^\ominus = \varphi_{待测} \qquad (4-20)$$

以测量 Zn 和 Cu 的电极电势为例(图 4-7)，选取标准氢电极作为参比电极

$$(-)Cu|Cu^{2+}(a=1)\|H^+(a=1)|H_2(101.325kPa)，Pt(+)$$

由于 Cu 片在原电池体系中发生还原反应，而电动势 E 为 0.34V，所以 $\varphi(Cu) = 0.34$ V。

$$(-)H^+(a=1)|H_2(101.325kPa), Pt\|Zn|Zn^{2+}(a=1)|Cu(+)$$

由于 Zn 片在原电池体系中发生氧化反应，而电动势 E 为 -0.76V，所以

$$\varphi(Zn) = -0.76 \text{ V}$$

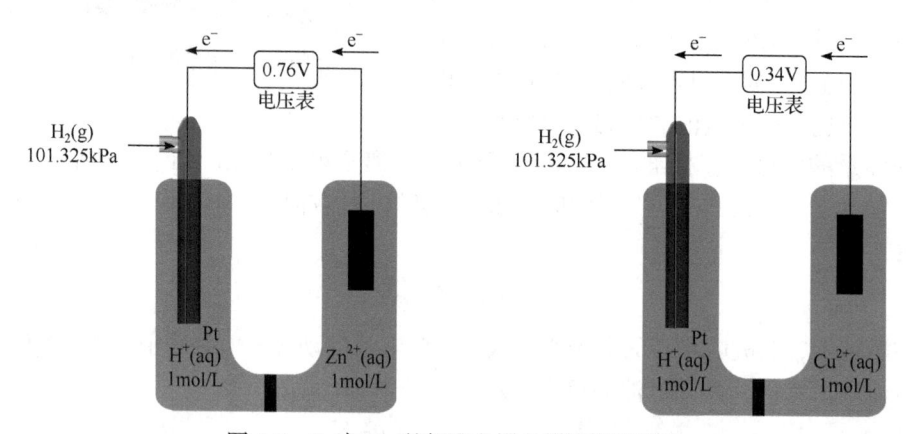

图 4-7 Zn 与 Cu 的标准电极电势测量示意图

根据上述测试方法，可获得常见金属电极的标准氧化还原电势 $\varphi^\ominus$ (25℃)，如表 4-1 所示。

表 4-1 酸性体系常见标准氧化还原电势 $\varphi^\ominus$ (25℃)

氧化还原体系	$\varphi^\ominus$/V	氧化还原体系	$\varphi^\ominus$/V
$H_2 \rightleftharpoons 2H^+ + 2e^-$	0.00	$Ca \rightleftharpoons Ca^{2+} + 2e^-$	-2.84
$Li \rightleftharpoons Li^+ + e^-$	-3.045	$Mg \rightleftharpoons Mg^{2+} + 2e^-$	-2.38
$Na \rightleftharpoons Na^+ + e^-$	-2.713	$Fe^{2+} \rightleftharpoons Fe^{3+} + e^-$	0.771
$K \rightleftharpoons K^+ + e^-$	-2.925	$Zn \rightleftharpoons Zn^{2+} + 2e^-$	-0.763
$Ba \rightleftharpoons Ba^{2+} + 2e^-$	-2.92	$Cu \rightleftharpoons Cu^{2+} + 2e^-$	0.337
$Ni \rightleftharpoons Ni^{2+} + 2e^-$	-0.230	$Cu \rightleftharpoons Cu^+ + e^-$	0.521
$Co \rightleftharpoons Co^{2+} + 2e^-$	-0.277	$Mn \rightleftharpoons Mn^{2+} + 2e^-$	-1.18

标准氢电极温度系数极小，其电极电势可精确到 0.00001V，因此将其视为一级参比电极。然而，在实际的应用中，需严格控制标准氢电极氢的分压为 101.325kPa，这在制备和使用过程中带来不便，故通常使用制备简单、操作方便的二级参比电极，如甘汞电极、银/氯化银电极、汞/氧化汞电极等，常见参比电极与常见标准氧化还原电势如表 4-2 所示。

表 4-2 常见参比电极与常见标准氧化还原电势

电极名称	电极表达式	电极反应	电极电势计算	KCl 浓度/(mol/L)
氢电极	Pt(H₂) | H₂SO₄	2H⁺ + 2e⁻ ⇌ H₂	$\varphi = -0.059\text{pH}$	
甘汞电极	Hg | Hg₂Cl₂; KCl	Hg₂Cl₂ + 2e⁻ ⇌ 2Hg + Cl⁻	$\varphi = 0.3388 - 7\times10^{-5}(t-25)$	0.1
			$\varphi = 0.2800\times 2.4\times10^{-4}(t-25)$	1.0
			$\varphi = 0.2415 - 7.6\times10^{-4}(t-25)$	饱和
铜电极	Cu | CuSO₄(饱和)		φ 约 0.3V	
汞/氧化汞电极	Hg | HgO(s) | NaOH	HgO + H₂O + 2e⁻ ⇌ Hg + 2OH⁻	$\varphi = 0.0977\text{V}$	

4.1.6 电池与电极材料的电压

根据能斯特方程，一个电池中电化学反应的理论电压可以通过该反应的吉布斯自由能计算，对于典型的基于相转变反应的电池，如 Li/MnO 电池，其反应式如下：

$$\text{MnO} + 2x\text{Li} \longrightarrow x\text{Li}_2\text{O} + x\text{Mn} + (1-x)\text{MnO}$$

其电池的理论电压 E 通过如下公式计算：

$$-2xEF = \Delta_r G = x\Delta_f G(\text{Li}_2\text{O}) + x\Delta_f G(\text{Mn}) - x\Delta_f G(\text{MnO}) - 2x\Delta_f G(\text{Li})$$

可以看出，该电池的电压与 x 值无关，为定值 1.028V。这一电压 E 的意义是由体相的 MnO 和锂组成的电池生成体相的 Li₂O 与 Mn 的热力学平衡电势。在实际电池中，由于反应物和产物的状态显著偏离理想材料，导致 E 值不是定值。

如果单看电极电势，按照如下考虑。

正极：

$$\text{MnO} + 2\text{Li}^+ + 2\text{e}^- \longrightarrow \text{Li}_2\text{O} + \text{Mn}$$

$$-2\varphi^+ F = \Delta_r G = \Delta_f G(\text{Li}_2\text{O}) + \Delta_f G(\text{Mn}) - \Delta_f G(\text{MnO}) - 2\Delta_f G(\text{溶液中 Li}^+) - 2\Delta_f G(\text{MnO 电极内 e}^-)$$

φ^+ 为由体相的 MnO 电极与体相的 Li₂O 与 Mn 作为一对氧化还原电对的热力学平衡电极电势。

负极：

$$2\text{Li} \longrightarrow 2\text{Li}^+ + 2\text{e}^-$$

$$-2\varphi^+ F = \Delta_r G = 2\Delta_f G(\text{溶液中 Li}^+) + 2\Delta_f G(\text{Li 电极内 e}^-) - 2\Delta_f G(\text{Li})$$

φ^+ 为由 Li 与 Li⁺组成的氧化还原电对的热力学平衡锂电极电势，在标准状态下，Li 的 φ^+

为 -3.04V。

对于嵌入反应，例如：

$$\text{LiCoO}_2 \longrightarrow \text{Li}_{1-x}\text{CoO}_2 + x\text{Li}$$

$$-xEF = \Delta_r G = \Delta_f G(\text{Li}_{1-x}\text{CoO}_2) + x\Delta_f G(\text{Li}) - \Delta_f G(\text{LiCoO}_2)$$

由于 $\Delta_f G(\text{Li}_{1-x}\text{CoO}_2)$ 随 x 值不断变化，因此该反应的 E 值随着脱锂量 x 发生变化。$\text{Li}_{1-x}\text{CoO}_2$ 的生成能可以通过点阵气体模型估算，或者通过第一性原理计算，或者通过实验直接测量。

4.1.7 液体接界电势

两种组分或浓度不相同的电解液在接触时，在浓度梯度驱动下，电解质阴阳离子会从高浓度向低浓度扩散，由于阴阳离子的扩散速率不同，在界面两侧就会有过剩的电荷积累，形成的电势差被称为液体接界电势(liquid junction potential)，简称液接电势，用符号 φ_j 表示。

如图 4-8(a)所示，存在相接触的两个浓度不同的 AgNO_3 溶液(浓度 $c_1 < c_2$)。由于在两个溶液的界面处存在浓度梯度，Ag^+ 和 NO_3^- 会从高浓度处向低浓度处扩散。由于两种离子性质不同，Ag^+ 扩散速率低于 NO_3^-，经过一定的扩散时间后，低浓度的电解液界面处存在较多的 NO_3^-，而高浓度的电解液界面处存在较多的 Ag^+，此时在两相界面处形成了双电层结构。界面两侧带电后，静电作用对 NO_3^- 的进一步扩散起阻碍作用，使 NO_3^- 通过界面的速率降低。相反，电势差可促进 Ag^+ 扩散，使其通过界面的速率增大。当达到稳态时，Ag^+ 和 NO_3^- 会以相同的速率通过界面，而界面处与稳态相对应的稳定电势差，即为液接电势 φ_j。当浓度相同的两种电解液 HNO_3 和 AgNO_3 接触时，如图 4-8(b)所示，NO_3^- 并不发生扩散，而 Ag^+ 则向右侧扩散，右侧 H^+ 向左侧扩散。由于 H^+ 具有较高的扩散速率，导致界面左侧阳离子过剩，而右侧阴离子过剩，导致两相界面处形成了双电层。当达到稳态时，界面会建立稳定的液接电势。

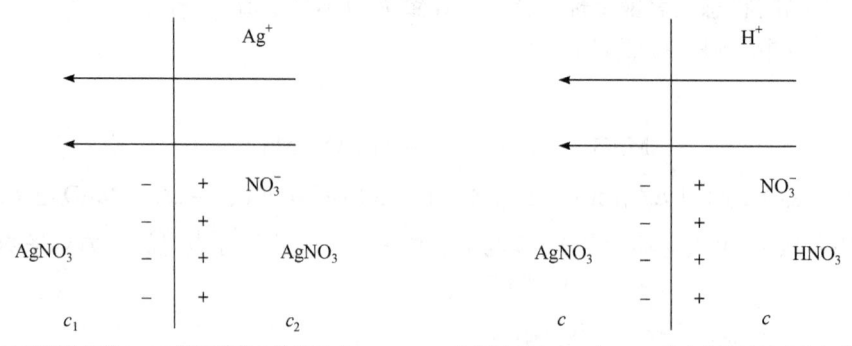

(a) 不同浓度的 AgNO_3 溶液液接电势的形成　　(b) 相同浓度 AgNO_3 与 HNO_3 溶液在接触处液接电势的形成

图 4-8　液接电势形成示意图

在实际研究中，液接电势无法准确测量，进而影响电池电动势测定，所以研究人员试图最大程度减少或消除液接电势。消除液接电势的常用方式有以下两种：①电池使用单液电解液；②在两溶液间连接一个盐桥。所谓盐桥，实际上是一种充满凝胶状盐溶液的 U 形管，一般由装有 3%琼脂的饱和氯化钾溶液或饱和硝酸钾溶液制备而成，琼脂是一种固体凝胶，它可固定溶液而不损失电解液的导电性。盐桥的主要作用为：①盐桥两端分别与两种溶液连接而将两种溶液导通，以代替原来两种溶液的直接接触，稳定和减小液接电势；②盐桥中饱和 KCl 溶液的浓度高，当其与较稀的电解液接触时，K^+ 和 Cl^- 成为接触面主要的扩散离子，进而达到平衡电荷的目的；③K^+ 和 Cl^- 的扩散速率基本相等，在接触面产生很小且方向相反的液接电势，故可相互抵消。综上所述，盐桥可降低液接电势，但不能完全消除。例如下列连接盐桥的电池：

$$Hg \mid Hg_2Cl_2(s) \mid HCl(0.1mol/L) \mid KCl浓溶液 \mid NaCl(0.1mol/L) \mid Hg_2Cl_2(s) \mid Hg$$

若该电池无盐桥，φ_j 为 28.2mV，当增设盐桥并增加 KCl 浓度时，φ_j 逐渐下降，如表 4-3 所示。若电池的 φ_j 被盐桥消除，则上述电池表达式中两电极溶液间以"‖"表示盐桥。此外，选择盐桥的原则是选取高浓度、正负离子迁移数接近相等的电解质，且不与电池中溶液发生化学反应，如 KCl、NH_4NO_3 和 KNO_3 等饱和溶液。

表 4-3　盐桥中 KCl 浓度对液接电势 φ_j 的影响

c/(mol/L)	φ_j/mV	c/(mol/L)	φ_j/mV
0	28.22	1.75	5.24
0.1	27.03	2.5	3.41
0.2	20.01	3.5	1.12
0.5	12.62	4.2(饱和溶液)	<1.02
1.0	8.39		

4.2　电池电化学反应电动势

化学热力学可以指出一个化学反应的方向和限度问题，即该化学反应能否自发进行、向何方向进行、进行到何种程度、反应进行时能量变化情况、外界条件对反应方向和限度有何影响等。研究电化学热力学同样可以了解电化学体系中电化学反应进行的方向和限度。对于化学能和电能互相转化的电池体系而言，通过研究其热力学可知悉该电池反应对外电路输出的最大能量。

4.2.1　电池电动势与吉布斯自由能

在组装电池体系前后，导体相中离子的内能、焓、吉布斯自由能等热力学状态函数均有所差异。因此，电池电动势和吉布斯自由能之间存在必然联系。以电化学反应 $Zn + Cu^{2+} \rightleftharpoons Zn^{2+} + Cu$ 为例，在组装成丹尼尔电池前，电子会发生转移，但无法产生可被检测的电流，即不做电功，却有热效应，此时属于恒温恒压无非体积功的过程，该反应能自发进行的判定依据是摩尔吉布斯自由能变 $\Delta_r G_m < 0$。在组装成丹尼尔电池后，不仅有电子转移，还产生电流，做电功的同时伴随热效应，此时该反应属于恒温恒压且有非体积功(即电功 W)的过程，该反应能自发进行的判定依据是 $-\Delta_r G > W$，式中电功 W 为电量与电池电动势的乘积，即 $W=qE$。可以看出，电化学体系中荷电组分的热力学状态、化学状态及电性能状态有必然联系。

当反应进行程度为 ξ 时，假设该电化学反应转移 z mol 电子，其电量 Q 为

$$Q = zF\xi \tag{4-21}$$

式中，F 为法拉第常量，1mol 电子的电量为 96485C，因此 $F=96485$C/mol。

对于微小过程，$dQ = zFd\xi$，电功 W 为

$$\delta Wr' = -(zFd\xi)E \tag{4-22}$$

若电池反应可逆，该电池体系所做的非膨胀功只有电功，则该体系自由能减少量等于体系在恒温恒压下所做的最大电功，即

$$\Delta_r G = (\partial G / \partial \xi)_{T,p} = -zEF \tag{4-23}$$

在式(4-23)中，自由能变化值 $\Delta_r G$ 的单位为焦耳(J)，F 的单位为库仑每摩尔(C/mol)，E 的单位为伏特(V)。该式不仅表示化学能与电能转变的定量关系，即对于 $\Delta_r G < 0$ 的反应，在恒温恒压条件下，减少的吉布斯自由能可全部转化为电功，同时它也是联系热力学和电化学的桥梁。由于只有在可逆过程中，体系自由能减少量才等于体系所做的最大非膨胀功，因此该式只适用于可逆电池，即电池反应过程必须同时满足电极反应可逆和能量转化可逆时，才能运用该式进行处理。

若该电池反应在标准情况下进行，即反应处于一个标准大气压下，溶解的物质为单位平均活度，得失电子数为 z，则

$$\Delta_r G_m^\ominus = -zE^\ominus F \tag{4-24}$$

4.2.2 电池电动势与化学平衡常数的关系

化学平衡常数(K)是反映化学反应限度的重要参数，根据 $\Delta_r G_m^\ominus = -zE^\ominus F$ 和 $\Delta_r G_m^\ominus = -RT\ln K^\ominus$，得

$$E^\ominus = \frac{RT}{zF}\ln K^\ominus = \frac{2.3032RT}{zF}\lg K^\ominus \tag{4-25}$$

在标准状态下，T 为 298K，将摩尔气体常量 R、法拉第常量 F、温度 T 代入式(4-25)，得

$$E^\ominus = \frac{0.0592\text{ V}}{z}\lg K^\ominus \tag{4-26}$$

上述推导公式反映了 $E^\ominus$ 与 $K^\ominus$ 的关系，即电化学反应进行的程度和限度之间的关系。

4.2.3 能斯特方程

标准电极电势在标准状态下测得，所以只能在标准状态下应用，但大多数发生在电池中的氧化还原反应均在非标准状态下进行，其电极电势和电池电动势则需通过能斯特方程式表述和计算。通过热力学理论推导，可得出电化学体系中离子浓度比与电极电势的定量关系，以丹尼尔电池 $Zn + Cu^{2+} \rightleftharpoons Zn^{2+} + Cu$ 为例，参与该电化学反应的电荷数为 2，此反应的吉布斯自由能变可用化学势 μ_i 表示，即

$$\Delta G = \sum_i v_i \mu_i \tag{4-27}$$

$$\mu_i = \mu_i^\ominus + RT\ln a_i \tag{4-28}$$

式中，$\mu_i^\ominus$ 为标准化学势。结合式(4-27)和式(4-28)，得

$$\Delta G = \Delta G^\ominus + RT\ln\left(a_{Zn^{2+}} / a_{Cu^{2+}}\right) \tag{4-29}$$

丹尼尔原电池反应的电动势为

$$\begin{aligned}
E &= -\Delta G / (zF) \\
&= -\Delta G^\ominus / (zF) - [RT/(zF)]\ln\left(a_{Zn^{2+}}/a_{Cu^{2+}}\right) \\
&= E^\ominus - \frac{RT}{zF}\ln\frac{a_{Zn^{2+}}}{a_{Cu^{2+}}}
\end{aligned} \tag{4-30}$$

同样地，对于任何电池反应 $aA + bB \rightleftharpoons cC + dD$，可将其分为两个半电池反应。

正极：　　　　　　$aA \longrightarrow cC$（A 为氧化型，C 为还原型）

负极：　　　　　　$dD \longrightarrow bB$（D 为氧化型，B 为还原型）

电池反应电动势的能斯特方程则为

$$E = E^\ominus - \frac{RT}{zF}\ln\frac{[C]^c[D]^d}{[A]^a[B]^b} \tag{4-31}$$

基于电池反应电动势的能斯特方程，可推导出电极电势的能斯特方程，即

$$\begin{aligned}
\varphi_+ - \varphi_- &= \left(\varphi_+^\ominus - \varphi_-^\ominus\right) - \frac{RT}{zF}\left(\ln[\text{氧化型}] - \ln[\text{还原型}]\right) \\
&= \left(\varphi_+^\ominus + \frac{RT}{zF}\ln[\text{还原型}]\right) - \left(\varphi_-^\ominus + \frac{RT}{zF}\ln[\text{氧化型}]\right)
\end{aligned} \tag{4-32}$$

所以

$$\varphi_+ = \varphi_+^\ominus + \frac{RT}{zF}\ln[\text{还原型}] \tag{4-33}$$

$$\varphi_- = \varphi_-^\ominus + \frac{RT}{zF}\ln[\text{氧化型}] \tag{4-34}$$

归纳成一般通式，得

$$\varphi = \varphi^\ominus + \frac{RT}{zF}\ln\frac{[氧化型]}{[还原型]} \tag{4-35}$$

在标准状态下

$$\varphi = \varphi^\ominus + \frac{0.0592\text{ V}}{z}\lg\frac{[氧化型]}{[还原型]} \tag{4-36}$$

式(4-30)和式(4-31)为原电池电动势的能斯特方程,式(4-32)~式(4-36)为电极电势的能斯特方程,式中 z 为电极反应中电荷转移数,[氧化型]/[还原型]代表参与电极氧化还原反应的反应物浓度乘积之比,而各物质在电极反应中的系数为物质浓度的指数。离子浓度单位为 mol/L,在反应体系中,纯固体与纯液体的浓度为 1mol/L,气体用分压表示。

由此可见,能斯特方程是定量描述某种离子在 A、B 两体系间形成的扩散电势的方程表达式,它反映了非标准状态下的电动势与标准状态下的电动势和电解质浓度之间的定量关系。

4.3 可逆电化学过程的热力学

4.3.1 可逆电池

可逆电池是指以热力学可逆的方式将化学能转化为电能的装置。根据热力学可逆条件,可逆电池必须同时满足下列三个条件。

(1) 电池内进行的化学反应必须可逆,即充电反应和放电反应互为逆反应,电池内其他过程(如离子迁移)也必须可逆。

(2) 能量转化可逆,要求充放电时允许通过的电流无限小,电极内化学反应进程无限接近平衡态。

(3) 实际可逆性,即无扩散现象,例如为了消除离子扩散使用盐桥。

例如,将 Li(s)和 LiFePO$_4$(s)插入 LiPF$_6$ 电解液中,其中,LiFePO$_4$(s)的电极电势高于 Li(s),因此电子从外电路 Li(s)流入 LiFePO$_4$ 片,此时 LiFePO$_4$ 为正极,Li 为负极。

① 电池放电时。

Li 电极发生的反应: Li ⟶ Li$^+$ + e$^-$

LiFePO$_4$ 电极发生的反应: FePO$_4$ + e$^-$ + Li$^+$ ⟶ LiFePO$_4$

电池总反应为: Li + FePO$_4$ ⟶ LiFePO$_4$

② 电池充电时。

Li 电极发生的反应: Li$^+$ + e$^-$ ⟶ Li

LiFePO$_4$ 电极发生的反应: LiFePO$_4$ − e$^-$ ⟶ FePO$_4$ + Li$^+$

电池总反应为: LiFePO$_4$ − e$^-$ ⟶ FePO$_4$ + Li$^+$

上述电极及电池反应均互为可逆反应,如果充放电的电流无限小,则该电池体系可称为可逆电池;若外加电压或放电时电流很大,则该电池体系仍然是不可逆电池。在化学电源中，实际应用中的一次电池、二次电池(包括丹尼尔电池)大多是不可逆电池。

4.3.2 电池符号的表达方式

已知电池一般由电极和电解液组成，为了使电池符号的表达式简便、统一，1953年国际上制定了电池符号表达方式的相关规定，即电池符号的排列顺序要真实地反映电池中各物质的接触次序，负极(发生氧化反应)应写在左边，正极(发生还原反应)应写在右边，中间为电解液。书写时还必须注意以下几点。

(1) 电池中各组成物质应以化学式表示，并标明物质的聚集状态(气态、液态、固态等)以及温度，电解液要标明浓度或活度，气体要标明压力(当温度为298K和压力为$1.01×10^5$Pa时可省略。)

(2) 用单线"|"表示两个不同相之间的接界、不同溶液间的接界以及同一物质不同浓度溶液间的接界(也可用逗号","表示)，表示该处有电势差，盐桥则需要用双线"||"表示。如将 Zn(s) 和 Ag(s) + AgCl(s) 作为两个电极插入 $ZnCl_2$(1mol/L)溶液中组成电池，可将该电池体系写为

$$Zn(s) | ZnCl_2(1mol/L) | AgCl(s) + Ag(s)$$

(3) 气体不能直接作为电极，必须依附于不活泼的金属(如 Pt、Au 等)，电极旁的溶液均假定已被电极上的气体所饱和，气体需注明压力，如

$$(Pt)H_2(1.01×10^5Pa) | HCl(0.01mol/L) | H_2(1.01×10^4Pa)(Pt)$$

可以省略不活泼的金属以简化电池符号表达式

$$H_2(1.01×10^5Pa) | HCl(0.01mol/L) | H_2(1.01×10^4Pa)$$

(4) 若两电极之间存在不同溶液或同一种溶液但浓度不同，应写出所有溶液相，如

$$H_2(1.01×10^5Pa) | HCl(0.01mol/L) | HCl | (0.001mol/L)H_2(1.01×10^4Pa)$$

若两溶液间插入盐桥，则表示为

$$H_2(1.01×10^5Pa) | HCl(0.01mol/L) || HCl(0.001mol/L) | H_2(1.01×10^4Pa)$$

按照上述电池符号的规定表达式，我们可以很方便地根据反应设计电池。

4.3.3 可逆电极的类型

构成可逆电池的两个电极均可称为可逆电极，因此可逆电极也必须满足可逆电池的前两个条件，即电极反应可逆和能量转化可逆。可逆电极应是在平衡条件下进行电化学反应的电极，也称平衡电极，主要可以分为以下几类。

1. 第一类可逆电极

第一类可逆电极只具有电子导体和离子导体唯一相界面，在电极电势的建立过程中有离子在电极与溶液间迁移，从而完成电极单质和其离子间的转化反应。该类电极通常包括金属电极、汞齐电极和气体电极等。以金属电极作为典型进行分析，其构成较为简

单,即将金属板浸在含该金属离子的可溶性盐溶液中。以 Li 电极为例,Li(s)|LiClO$_4$(a),其电极反应为 Li$^+$ + e$^-$ ⇌ Li。气体电极 Pt(s),H$_2$(p)|H$^+$(a),其电极反应为 2H$^+$ + 2e$^-$ ⇌ H$_2$。由此可见,气体电极符合第一类可逆电极基本特征,但需要注意的是,气体在常温常压下不导电,需引入铂或其他惰性金属起到导电作用,使气体吸附至金属表面,完成其单质和离子间的转化反应。

2. 第二类可逆电极

第二类可逆电极存在金属难溶盐和难溶氧化物电解液两个界面,在电极电势的建立过程中阴离子在界面间进行溶解和沉积。该类电极通常包括难溶盐电极和难溶氧化物电极两种。以难溶盐电极为典型进行分析,将金属板浸在其难溶盐和与该难溶盐有相同阴离子的可溶性盐溶液中构成此类电极,该类电极的金属既是导体又是活性物质。以甘汞电极为例,Hg|Hg$_2$Cl$_2$(s),KCl(a),其电极反应为 Hg$_2$Cl$_2$(s) + 2e$^-$ ⇌ 2Hg + 2Cl$^-$。第二类可逆电极的可逆性好、平衡电势值稳定、电极工艺制备简单,因此常被用作参比电极。

3. 第三类可逆电极

第三类可逆电极是将铂或其他惰性金属电极浸在含有同种元素但不同价态离子的混合溶液中。例如 Pt|Fe^{2+}($a_{Fe^{2+}}$),Fe^{3+}($a_{Fe^{3+}}$)、Pt|Sn^{2+}($a_{Sn^{2+}}$),Sn^{4+}($a_{Sn^{4+}}$) 等电极,其电极反应为 Fe^{3+} + e$^-$ ⇌ Fe^{2+} 和 Sn^{4+} + 2e$^-$ ⇌ Sn^{2+}。该类电极中的惰性金属只充当导体,在电极反应过程中,同种元素的两种不同价态离子之间发生氧化还原反应,因此又称氧化还原电极。

4. 第四类可逆电极

第四类可逆电极通常由内参比电极、内充液和具有离子选择性响应的薄膜组成,又称膜电极,常见的有玻璃电极、离子交换膜电极和液体膜电极等。该类电极与前三类电极相比,其特点是电极电势由膜电势决定,而膜电势由溶液中离子和膜中离子的交换平衡决定,它与待测溶液中的选择性离子浓度有关。

5. 第五类可逆电极

第五类可逆电极是在其体相发生嵌入反应的电极,又称嵌入式电极。嵌入反应是指客体粒子(也称嵌质,包括离子、原子、分子等)嵌入主体晶格(也称嵌基)生成嵌入化合物的反应。嵌入化合物属于非化学计量化合物,其结构特点主要表现在主体晶格骨架结构稳定且存在合适的离子空位与离子通道。嵌入式电极反应可表示为

$$xA^+ + xe^- + yS \rightleftharpoons A_xS_y$$

式中,A 表示嵌质阳离子;S 为嵌基。嵌入和脱嵌反应的速度与电极电势有关,嵌入粒

子的数量取决于嵌入反应过程消耗的电量。嵌入反应的研究历史可追溯到1841年研究人员发现SO_4^-嵌入石墨晶格的反应。

4.3.4 可逆电池的类型

按照电动势的产生缘由可将可逆电池分为三类：物理电池、浓差电池和化学电池。

1. 物理电池

物理电池是将化学性质相同但物理性质不同的两个电极浸入电解液中，可以将物理能转化为电能。在给定的物理条件下，若电池中的一端电极材料 A 处于稳定状态，而另一端电极材料 A* 处于不稳定状态，电能来源即为电极材料从不稳定状态转变成稳定状态时的自由能变化。因此，电池电动势的产生是由两电极材料所处的物理性质不同而导致的，可表示为

$$E = \varphi_A^\ominus - \varphi_{A^*}^\ominus$$

物理电池一般包括重力电池和同素异形电池等。

重力电池是将同一种金属导体电极以两个不同高度浸入该金属的盐溶液中。

同素异形电池：若同一金属存在两个变体(M_α 和 M_β)，将两个变体浸入该金属离子的溶液中所组成的电池称为同素异形电池。

2. 浓差电池

浓差电池是指由物理性质、化学组成和电极反应性质完全相同的两个电极组成，但参与电极反应的物相(电子导体或离子导体)、浓度(或活度)不同的电池。该类电池与化学电池相似，其内部同样经历了氧化还原过程，但电池总反应并没有反映出这种变化，仅仅是一种物质从高浓度状态向低浓度状态转移。与自发扩散作用不同，在浓差电池中这种物质转移是间接地通过电极反应实现的，所以其吉布斯自由能变可转变为电功。因此，可以将这类电池的电能来源理解为物质从较高活度到较低活度的转移能。在这种情况下，该类电池电动势可表示为

$$E = \frac{RT}{nF} \ln \frac{a_{k_2} a_{n_2}}{a_{k_1} a_{n_1}} \tag{4-37}$$

式中，k 和 n 分别为在每个电极上具有不同活度的电极反应参加物。

浓差电池一般包括"单液浓差电池"和"双液浓差电池"两大类。单液浓差电池是将物理、化学性质相同而浓度不同的两个电极材料浸入同一电解液中，又称电极浓差电池。双液浓差电池是将两个相同电极材料浸入活度不同的相同电解液中，又称溶液浓差电池。

单液浓差电池：气体电池和汞齐电池是单液电池较为典型的例子，两个电极差别在于气体或金属汞电极的活度不同。

双液浓差电池：这类电池具有两个相同的电极，但溶液中电解质浓度不同，产生电

动势的过程是电解质从浓溶液向稀溶液的转移过程。

3. 化学电池

化学电池是指将化学能转变为电能的装置,体系中包括电解液和浸入溶液的正、负电极,两个电极的物理性质和化学性质都可能不同。使用导线将两电极连接,就会有电流通过,因而获得电能,当放电到一定程度后,电能减弱。在化学电池中,有的电池可经充电复原而再次使用,被称为蓄电池,如铅酸电池、镍铁蓄电池等;而有的电池充电后无法复原,被称为原电池,如干电池、丹尼尔电池、燃料电池等。化学电池通常又分成简单化学电池和复杂化学电池两类,它们的电动势均可直接用能斯特方程表示。

1) 简单化学电池

对于简单化学电池而言,一个电极对电解质阳离子可逆,而另一个电极对电解质阴离子可逆。韦斯顿(Weston)电池是一种典型的简单化学电池,其电池形式为

$$Cd, Hg \mid CdSO_4(a) \mid Hg_2SO_4, Hg$$

在韦斯顿电池中,

负极反应: $Cd \longrightarrow Cd^{2+} + 2e^-$

正极反应: $Hg_2SO_4 + 2e^- \longrightarrow 2Hg + SO_4^{2-}$

电池总反应: $Cd + Hg_2SO_4 \longrightarrow Cd^{2+} + 2Hg + SO_4^{2-}$

电池的电动势为

$$E = E^{\ominus} + \frac{RT}{2F}\ln(a_{Cd^{2+}} a_{SO_4^{2-}}) \tag{4-38}$$

化学电源中许多的二次电池都属于简单化学电池,如铅酸电池等。

2) 复杂化学电池

这类电池中两个电极的电解液不同,两溶液接触时,产生液体接界电势差。通常可采用盐桥使液体接界电势差降低到可以忽略不计的程度,才可通过能斯特方程表示,如丹尼尔电池。

4.4 不可逆电化学过程的热力学

4.4.1 不可逆电极及电势

在实际电化学体系中,有许多电极反应都是非平衡电极过程,这类电极就是不可逆电极,如铝在海水中形成的电极、零件在电镀溶液中形成的电极。有以下情况存在就可看作不可逆电极:①有一个电流较大的有限电流通过电极;②电极放电反应与充电反应不同;③其他过程为不可逆过程。以 Cu 放入稀 H_2SO_4 为例,反应开始前,溶液中没有 Cu^{2+},只有 H^+。此时,电极的正反应为 Cu 的氧化溶解,即

$$Cu \longrightarrow Cu^{2+} + 2e^-$$

逆反应为 H⁺ 的还原,即

$$H^+ + e^- \longrightarrow H$$

随着 Cu 的溶解,Cu 溶解生成 Cu²⁺ 开始发生还原反应,即

$$Cu^{2+} + 2e^- \longrightarrow Cu$$

同时还会伴随着 H 重新溶解,即

$$H \longrightarrow H^+ + e^-$$

此时,该电极同时存在 4 个反应,如图 4-9 所示。

在电极总的反应过程中,Cu 的溶解速度和沉积速度不相等,H 的氧化和还原也如此。因此,物质的交换是不平衡的,即有净反应发生(铜溶解和氢气析出)。这个电极显然是一种不可逆电极。所建立起来的电极电势称为不可逆电势或不平衡电势。它的数值不能按能斯特方程计算,只能由实验测定。

不可逆电势可以是稳定的,也可以是不稳定的。当电荷在界面上交换的速度相等时,尽管物质交换不平衡,也能建立起稳定的双电层,使电极电势达到稳定状态。稳定的不可逆电势称为稳定电势。对同一种金属来说,由于电极反应类型和速度不同,在不同条件下形成的电极电势不同,如表 4-4 所示。不可逆电势的数值判断不同金属接触时的腐蚀倾向,用稳定电势比用平衡电势更接近实际情况。如铝和锌接触时,就平衡电势来看,铝电势比锌更小($\varphi_{Al}^{\ominus} = -1.67V$, $\varphi_{Zn}^{\ominus} = -0.76V$),似乎铝易于腐蚀。然而在 3% NaCl 或 3% NaCl + 0.1% H₂O₂ 溶液中,通过实验测出的稳定电势表明,锌的稳定电势更小,因此,锌更易腐蚀,这与实际生活中接触的腐蚀规律是一致的。

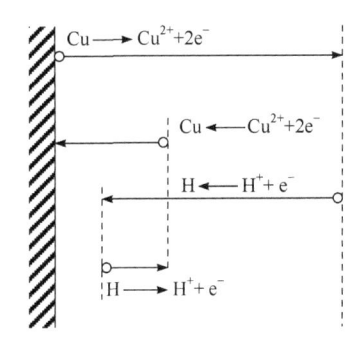

图 4-9 建立稳定电势示意图
箭头长度表示反应速率大小

表 4-4 不同电解液中金属的电极电势(25℃)

金属	φ (3% NaCl)/V 开始	φ (3% NaCl)/V 稳定	φ (3% NaCl + 0.1% H₂O₂)/V 开始	φ (3% NaCl + 0.1% H₂O₂)/V 稳定	φ_0 /V
Fe	−0.23	−0.50	−0.25	−0.50	−0.44
Ni	−0.13	−0.02	0.20	0.05	−0.25
Cr	−0.02	0.23	0.40	0.60	−0.74
Zn	−0.83	−0.83	−0.77	−0.77	−0.76
Al	−0.63	0.63	−0.52	−0.52	−1.67

此外,可以根据稳定电势值判断在不同电镀液中镀 Cu 的结合力。例如,将 Fe 浸入含 Cu²⁺ 的溶液时,按照标准电极电势,即 $\varphi_{Cu}^{\ominus} = 0.34V$ 和 $\varphi_{Fe}^{\ominus} = -0.44V$,此时溶液中发生如下置换反应:

$$Cu^{2+} + Fe \longrightarrow Fe^{2+} + Cu$$

当反应进行一段时间后，Fe 表面沉积了一层疏松的置换 Cu，这使以后电镀的 Cu 层与机体的结合力显著降低。然而，在实际电镀液中，浸在镀铜液中的 Fe 电极为不可逆电极，因而上述的置换反应能否发生还要根据稳定电势进行判断。根据测量结果，Fe 和 Cu 在不同镀铜液中的电极电势列于表 4-5 中。由表 4-5 可知，由于生成置换 Cu 而降低镀层结合力的倾向为：焦磷酸盐镀铜液>三乙醇胺碱性镀铜液>氰化物镀铜液。如在氰化物镀铜液中，反应生成稳定的络离子 $[Cu(CN)_3]^-$，使得 Cu 平衡电势变小，与 Fe 的电势接近，此时，反应不会产生置换 Cu，可以获得结合力强的镀层。

表 4-5　Fe 和 Cu 在各种镀液中的电极电势

镀液	Fe 的平衡电势/V	Cu 的平衡电势/V
氰化物镀铜液	−0.62	−0.61
焦磷酸盐镀铜液	−0.42	−0.04
三乙醇胺碱性镀铜液	−0.25	−0.12

4.4.2　不可逆电极的类型

1. 第一类不可逆电极

金属电极浸入离子溶液中通常会发生溶解现象，如将 Zn 金属电极浸入 HCl 溶液中，Zn 会和 HCl 溶液发生化学反应且金属 Zn 会被溶液腐蚀。这种金属电极浸入离子溶液(不含金属离子)组成的电极被称为第一类不可逆电极。基于上述 Zn 金属电极浸入 HCl 溶液的体系，在电极附近会存在一定浓度 Zn^{2+} 积累，并且 Zn^{2+} 将参与后续的反应，最终此体系的稳定电势将和 Zn^{2+} 浓度有关。

2. 第二类不可逆电极

金属电极浸入溶液中发生化学反应，且产物为金属电极的难溶盐或金属氧化物，这一类电极被称为第二类不可逆电极。当 Cu 电极浸入 NaOH 溶液中时，会生成少量的 $Cu(OH)_2$，因为 $Cu(OH)_2$ 溶解度很小，所以此金属电极是不可逆电极，又被称为难溶盐电极。

3. 第三类不可逆电极

这一类电极也被称为氧化还原电极，当金属电极浸入含有氧化还原离子对的溶液中时，溶液中发生氧化还原反应，如当 Pt 金属电极浸入含有 Fe^{2+}/Fe^{3+} 的溶液中时，铁离子溶液会发生氧化还原反应。这类电极电势主要依赖于溶液中氧化态物质和还原态物质之间的氧化还原反应。

4. 不可逆气体电极

气体参与电极反应的电极体系被称为气体电极，一般常见的气体电极有氢电极和氧电极。这些电极浸入水溶液中会形成相应的超电势，但当超电势较低时，会形成一种不可逆的电极电势，尤其是在氢电极中较为常见。氢气参与氧化还原反应，不断发生电子得失，使电极电势产生变化，这一类电极被称为不可逆气体电极。

4.4.3 可逆/不可逆电势的判断

对电极是否可逆也可进行基本判定，这些判定均可从电极反应特点入手，观察电极反应中的电荷转移变化即可总结出可逆电势与不可逆电势的判定规律。

以可逆电池铜锌电池为例，在放电过程中发生如下反应：

$$Zn + CuSO_4 \longrightarrow ZnSO_4 + Cu$$

此电池在充电过程中发生如下反应：

$$Cu + ZnSO_4 \longrightarrow CuSO_4 + Zn$$

此电池满足可逆的三个条件：一是化学反应可逆，电池在充放电过程中是相互可逆的；二是此电池反应的能量转化可逆，在充放电过程中电流可以无限小；三是其他过程也是可逆的。当电池满足上述三个条件，这个电池就是可逆电池。

相比于可逆电池，可逆电极也类似，可以通过能斯特方程计算出其可逆电势。例如，在室温下，氯化银电极插入 0.5mol/L 氯化钾溶液中，其可逆电极电势可以通过如下反应式计算得到。

$$Ag + Cl^- \longrightarrow AgCl + e^-$$

通过上述电极化学反应式可以利用能斯特方程 $\varphi = \varphi_0 + \dfrac{RT}{F} \times \ln(1/\alpha)$ 计算出电极电势为 0.25V(查表知 $\alpha = 0.651$)，此电势就是电极反应的可逆电势，当电势达到 0.25V 时，此电极为可逆电极，属于第二类可逆电极。

为了进一步地判断，根据不同的情况也需要提出相应的判断方法。如果实验所测得的值与理论值相差较大，需以实验值为准，因为实验环境的改变或者仪器的精密度均会影响电化学反应测试。现以氯化银电极在不同浓度的氯化钾溶液中的测试结果为例(表 4-6)。

表 4-6　实验测得 AgCl 电极在不同浓度 KCl 溶液中的电极电势

c_{AgCl}/(mol/L)	10^{-2}	10^{-1}	10^0	10^1
φ / V	0.24	0.25	0.27	0.26

基于以上数据，我们可以得出不同环境下的电极电势不一样，且其与上述计算出的 0.25V 有所出入。当实验电极电势达不到 0.25V 时(实验测量值与理论值相差偏大)，此电极为不可逆电极，所以电极的可逆与不可逆程度均需要结合实际测量值和理论值进行比较后再得出。

4.5 φ-pH 图

平衡电势的数值反映了物质的氧化还原能力,可以用来判断电化学反应进行的可能性。平衡电势的数值与反应物质的活度(或逸度)有关,对有 H^+ 和 OH^- 参与的反应来说,电极电势将随溶液 pH 的变化而变化。因此,把各种反应的平衡电势和溶液 pH 的函数关系绘制成图,就可以从图上清楚地看出一个电化学体系中,发生各种化学或电化学反应所必须具备的电极电势和溶液 pH 条件,或者可以判断在给定条件下某化学反应或电化学反应进行的可能性。这种图称为电势(φ)-pH 图。

φ-pH 图最早在 20 世纪 30 年代由比利时学者 Pourbaix 和他的同事们提出,起初用于金属腐蚀问题的研究,之后应用范围逐渐扩大到电化学、分析、无机、地质科学等领域,它相当于研究相平衡时的相图,即电化学的平衡相图。最简单的 φ-pH 图只涉及一种元素不同氧化态形态与水构成的体系,可预测其在具有特定电势和 pH 的水溶液体系中,某种元素稳定存在的形态和其价态的变化倾向。1963 年,Pourbaix 等已将 90 多种元素与水组成 φ-pH 图汇编成《电化学平衡图谱》,应用十分便捷。除了水与金属的 φ-pH 图,近年来,研究人员把金属的 φ-pH 图同金属的腐蚀与防护实际情况密切结合,建立了多元体系 φ-pH 图。

4.5.1 φ-pH 图的绘制原理

绘制 φ-pH 图需要了解电化学反应体系各类参数,再经人工或计算机处理得到,并已由简单的金属-水系 φ-pH 图发展到采用"同时平衡原理"绘制的金属-配位体-水系 φ-pH 图。一般地,φ-pH 图绘制大致包括以下步骤:①确定电化学体系中可能发生的各种反应,写出其反应方程式;②查出参加反应的各种物质的热力学数据,确定其反应的 $\Delta G^\ominus$、平衡常数 K 和标准电极电势 $\varphi^\ominus$;③确定所有反应的平衡电极电势 φ_r 和 pH 的计算;④利用 φ_r 和 pH 的计算公式,在指定离子浓度、气相分压和一定温度条件下计算出所有反应的 φ_r 和 pH;⑤根据计算结果,以 φ_r 为纵坐标、pH 为横坐标作图,便得到了指定离子浓度、气相分压和一定温度条件下的 φ-pH 图。对于金属与水组成的电化学体系,可以利用 φ-pH 图描述三种典型的反应。下面将具体讨论平衡电势和 pH 对这三类反应平衡的影响。

第一类反应是有电子参与而无 H^+ 参与的氧化还原反应,其通式为 $dA + ne^- \rightleftharpoons bB$。例如,电极反应 $Cu + e^- \rightleftharpoons Cu$ 和 $Cl_2 + 2e^- \rightleftharpoons 2Cl^-$ 等都属于该类反应,其相应的电极电势为

$$\varphi_r = \varphi^\ominus + \frac{RT}{zF} \ln \frac{a_A^d}{a_B^b} \tag{4-39}$$

显然,由于 H^+ 未参与此类反应,电极反应的平衡电势与 pH 无关。用 φ-pH 图表示该类反应平衡条件时,应表现为一组平行于横轴的水平线,各条水平线对应于一定的反

应物质活度。

第二类反应是有 H⁺ 参与而无电子参与的非氧化还原反应，其通式为 $dA + mH^+ \rightleftharpoons bB + cH_2O$。例如，电极反应 $HCO_3^- + H^+ \rightleftharpoons H_2CO_3$ 和 $Fe(OH)_2 + 2H^+ \rightleftharpoons Fe^{2+} + 2H_2O$ 等都属于该类反应，其反应平衡时的自由能变化为

$$\Delta G = \Delta G^\ominus + RT\ln \frac{a_B^b}{a_A^d a_{H^+}^m} = 0 \quad (4\text{-}40)$$

又

$$\Delta G^\ominus = -2.303RT\lg a_{H^+}^m = -2.303RTm\text{pH}^\ominus \quad (4\text{-}41)$$

将式(4-41)换算，得

$$\text{pH}^\ominus = -\frac{\Delta G^\ominus}{2.303RTm} \quad (4\text{-}42)$$

$\text{pH}^\ominus$ 称为标准 pH，将式(4-42)代入式(4-40)中得其平衡条件：

$$\text{pH} = \text{pH}^\ominus + \frac{1}{m}\lg \frac{a_A^d}{a_B^b} \quad (4\text{-}43)$$

由于没有电子参与该类反应，其平衡与电极电势无关，而是取决于溶液的 pH。这类反应在 φ-pH 图上表现为平行于纵轴的垂直直线，各条垂线都对应于一定反应物质的活度。

第三类反应是既有电子参与又有 H⁺ 参与的氧化还原反应，其通式为 $dA + ne^- + mH^+ \rightleftharpoons bB + cH_2O$。例如，电极反应 $MnO_4^- + 8H^+ + 5e^- \rightleftharpoons Mn^{2+} + 4H_2O$、$Fe(OH)_3 + 3H^+ + e^- \rightleftharpoons Fe^{2+} + 3H_2O$ 等都属于该类反应，对应的平衡电极电势表示为

$$\varphi_r = \varphi^\ominus - \frac{2.303RT}{zF}m\text{pH} + \frac{2.303RT}{zF}\lg \frac{a_A^d}{a_B^b} \quad (4\text{-}44)$$

第三类反应的平衡既取决于平衡电势，又取决于溶液的 pH。当一定的温度下，溶液中 $\frac{a_A^d}{a_B^b}$ 达到平衡时，电极反应的平衡电势将随 pH 的变化而变化。这类反应在 φ-pH 图中表达的函数关系是一组斜率为 $-\frac{2.303RT}{zF}$ 的平行斜线。各条斜线对应于一定的反应物质活度。

4.5.2 特殊储能电池体系 φ-pH 图

1. 水的电 φ-pH 图

在电化学研究中，当金属在水溶液中进行氧化还原反应时，由于水的电极电势也受 pH 影响，水溶液中 H⁺、OH⁻ 以及水分子都有可能与溶液中的氧化剂或还原剂发生反应。

因此，研究金属-水系的 φ-pH 图，首先要研究水的 φ-pH 图。水的 φ-pH 图实际上也是氢电极和氧电极的 φ-pH 图。水的氧化还原性可用以下两个电极反应分别表示。

水被还原放出氢气时

$$2H_2O + 2e^- \rightleftharpoons H_2 + 2OH^-$$

在 298K 和 $p_{H_2} = 1.01 \times 10^5 Pa$ 时

$$\begin{aligned}\varphi_r &= \varphi_{H_2O/H_2}^{\ominus} + \frac{0.0592}{2} \lg \frac{1}{\left[p_{H_2}/p^{\ominus}\right]\left[c_{OH^-}\right]^2} \\ &= -0.828 + 0.0592 pOH \\ &= -0.828 + 0.0592(14 - pH) \\ &\approx -0.0592 pH\end{aligned} \quad (4\text{-}45)$$

基于式(4-45)，当 pH=0 时，φ_r=0V；当 pH=7 时，φ_r=−0.414V；当 pH=14 时，φ_r=−0.829V。以 φ 为纵坐标、pH 为横坐标，就得到了图 4-10 所示的(a)线。该线被称为氢线，表示水被还原放出氢气时电极电势随 pH 的变化。若某物质电对的 φ-pH 线在氢线下方，其还原态将会与 H_2O 反应放出氢气，若处于氢线之上，则无法将 H_2O 中的 H^+ 还原成 H_2。因此，氢线下方是 H_2 的稳定区，被称为氢区，上方为 H_2O 的稳定区，被称为水区。电

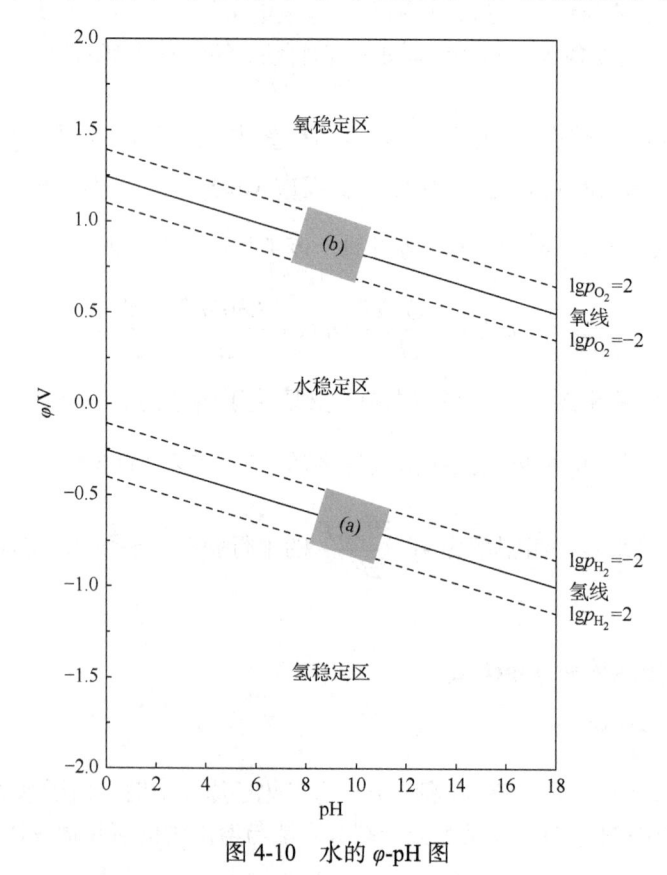

图 4-10 水的 φ-pH 图

对的 φ-pH 图处于氧线和氢线间的物质，在水溶液中无论是氧化态还是还原态，它们都可以稳定存在。

水被氧化放出氢气时

$$2H_2O \rightleftharpoons O_2 + 4H^+ + 4e^-$$

在 298K 和 $p_{O_2} = 1.01 \times 10^5 Pa$ 时

$$\begin{aligned}\varphi_r &= \varphi_{H_2O/O_2}^{\ominus} + \frac{0.0592}{4} \lg\left\{\left[p_{O_2}/p^{\ominus}\right]\left[c_{H^+}\right]^4\right\} \\ &= 1.229 + 0.0592\lg[H^+] \\ &= 1.229 - 0.0592pH\end{aligned} \quad (4\text{-}46)$$

基于式(4-46)，当 pH=0 时，φ_r=1.229V；当 pH=7 时，φ_r=0.815V；当 pH=14 时，φ_r=0.400V。以 φ 为纵坐标、pH 为横坐标，就得到了图 4-10 所示的(b)线。该线被称为氧线，表示水被氧化放出氧气时电极电势随 pH 的变化。若某物质电对的 φ-pH 线在氧线上方，其氧化态将会氧化 H_2O，放出氧气。若处于氧线之下，则无法将 H_2O 中氧化成 O_2。因此，氧线上方是 O_2 的稳定区，被称为氧区，下方为 H_2O 的稳定区，被称为水区。

可以看出，水的 φ-pH 图由两条斜率为−0.592V、间距为 1.229V 的平行线(a)和(b)组成。该图表示在 25℃、氢和氧的平衡压力为 $1.01 \times 10^5 Pa$ 时水的 φ-pH 图。若氢和氧的平衡压力不是 $1.01 \times 10^5 Pa$ 时，如 $p_{H_2} = 1.01 \times 10^4 Pa$，则有

$$\varphi_r = -0.0592 - 0.0592pH$$

在图 4-10 中表现为平行于直线(a)且在其之上的一条虚线。如果 $p_{H_2} = 1.01 \times 10^3 Pa$，则

$$\varphi_r = 0.0592 - 0.0592pH$$

在图 4-10 中表现为平行于直线(a)且在其之下的一条虚线。(a)线为 $p_{H_2} = 1.01 \times 10^5 Pa$；(a)线之下为 $p_{H_2} > 1.01 \times 10^5 Pa$；(a)线之上为 $p_{H_2} < 1.01 \times 10^5 Pa$。同理，(b)线之上的平衡虚线为 $\lg p_{O_2} = 2$ 的 φ-pH 关系，(b)线之下的平衡虚线为 $\lg p_{O_2} = -2$ 的 φ-pH 关系。

2. $Zn-H_2O$ 体系的 φ-pH 图

金属的电化学平衡图通常是指温度为 25℃、压力为 $1.01 \times 10^5 Pa$ 时，金属在水溶液中不同价态时的 φ-pH 图。金属的 φ-pH 图不仅反映了在一定电势和 pH 下金属的热力学稳定性及其不同价态物质的变化倾向，还能反映出金属与其离子在水溶液中的反应条件。因此，其在金属的腐蚀与防护科学中尤为重要。本节以 $Zn-H_2O$ 体系作为典型案例进行分析。

根据 φ-pH 图的绘制方法，可以确定 $Zn-H_2O$ 体系中存在的各组分物质的相互反应和对应的 φ-pH 关系，可表示如下：

① $Zn^{2+} + 2e^- \rightleftharpoons Zn$，其平衡条件为 $\varphi_r = -0.7628 + 0.0296\lg a_{Zn^{2+}}$；

② $Zn(OH)_2 + 2H^+ \rightleftharpoons Zn^{2+} + 2H_2O$，其平衡条件为 $pH = 7.13 - 0.5\lg a_{Zn^{2+}}$；

③ $ZnO_2^{2-} + 2H^+ \rightleftharpoons Zn(OH)_2$，其平衡条件为 $pH = 10.82 + 0.5\lg a_{ZnO_2^{2-}}$；

④ $Zn(OH)_2 + 2H^+ + 2e^- \rightleftharpoons Zn + 2H_2O$，其平衡条件为 $\varphi_r = -0.4351 - 0.5916pH$；

⑤ $ZnO_2^{2-} + 4H^+ + 2e^- \rightleftharpoons Zn + 2H_2O$，其平衡条件为 $\varphi_r = 0.4446 - 0.11832pH$。

由上述 5 个线性 φ-pH 关系式可以绘制得到图 4-11 所示的 $Zn-H_2O$ 体系的 φ-pH 图，线③代表两固相间的平衡，线①、线②代表固相与浓度为 1mol/L 的离子间平衡，线④、线⑤代表固相和在溶液中离子浓度为 10^{-6}mol/L 的离子间平衡。

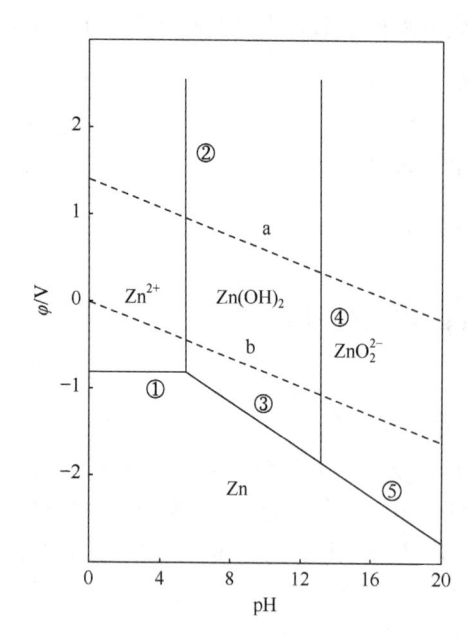

图 4-11　$Zn-H_2O$ 体系的 φ-pH 图

4.5.3　φ-pH 图在电化学储能中的应用

1. 电池性能评估

φ-pH 图可以反映电池中不同电对在不同 pH 下的氧化还原能力。通过绘制 φ-pH 图，可以了解电池在不同工作条件下的电化学行为，从而评估电池的性能。例如，在锂离子电池中，正极材料和负极材料在充放电过程中会经历氧化还原反应。通过 φ-pH 图，可以分析这些反应在不同 pH 下的热力学特性，从而评估电池性能。

同时，φ-pH 图可以帮助预测电池在不同条件下的稳定性。通过了解电池中各种电对在不同 pH 下的电势变化，可以预测电池在特定工作条件下可能发生的腐蚀、分解或其他不稳定行为。例如，在金属离子电池中，金属电极在电解液中的稳定性受到 pH 的影响。通过 φ-pH 图，可以预测金属电极在不同 pH 下的腐蚀速率，从而优化电解液的选择和电池的设计。

2. 电化学反应机理理解

φ-pH 图可以揭示电池中化学反应的机理。通过分析 φ-pH 图上各种电对的电势变化和相互关系，可以理解电池中各种反应的发生条件和相互影响，从而更深入地理解电池的工作原理。pH 在影响电化学系统中质子耦合电子转移反应的各个方面起着关键作用。这些反应在传质、电化学双层结构和表面吸附能方面受到 pH 的影响，所有这些都会影响整个电化学过程。例如，在金属-空气电池中，通过分析 pH 对质子和电子方面的影响，可以确定氧还原反应、析氧反应以及二氧化碳还原反应的控制机理，可以了解这些反应在不同 pH 下的动力学特性和反应路径，从而优化催化剂的选择和电池的设计。

3. 电池设计和材料选择

基于 φ-pH 图的分析结果，可以优化电池的设计和材料选择。通过了解电池在不同条件下的电化学行为和稳定性,可以选择更合适的电极材料、电解液和电池结构,以提高电池的性能和稳定性。例如,在固态电池中,固态电解质的离子传导性能和稳定性受到 pH 的影响。通过 φ-pH 图的分析,可以选择更合适的固态电解质材料和结构,以提高电池的离子传导性能和安全性。

水系电池是一种以水作为主要溶剂的电池体系,具有以下几个重要特点:安全性高,由于水的不可燃性和低挥发性,大大降低了电池发生火灾和爆炸的风险;成本相对较低。水系电池作为一种有潜力的储能技术,在未来的能源存储领域有望发挥重要作用,常见的水系电池类型包括水系锂离子电池、水系钠离子电池、水系锌离子电池等。通过 φ-pH 图分析拓宽水系电解液的稳定电压窗口、优化离子传导性,对于提高电池循环稳定性及其能量效率至关重要。例如,西湖大学研究团队发现向水系电解液中加入甲基脲分子,可以有效抑制水在高/低电势条件下的氧化/还原分解等副反应,使电解液具有最宽的 4.5V 的电化学稳定窗口(常规水系电解液一般仅为 2V 左右)。

4. φ-pH 图的局限性

(1) 理论 φ-pH 图是一种热力学的电化学平衡图,因而只能给出电化学反应的方向和热力学可能性,而不能给出电化学反应的速率。

(2) 建立 φ-pH 图时,以金属与溶液中的离子和固相反应产物之间的平衡作为先决条件。但在实际体系中,可能偏离这种平衡。此外,理论 φ-pH 图中没有考虑"局外物质"对平衡的影响。如水溶液中往往存在 Cl^-、SO_4^{2-} 等离子,它们对电化学平衡的影响常常是不能忽略的。

(3) 理论 φ-pH 图中的钝化区是以金属氧化物、氢氧化物或难溶盐的稳定存在为依据的。而这些物质的保护性能究竟如何,并不能从理论 φ-pH 图中反映出来。

(4) 理论 φ-pH 图中所表示的 pH 是指平衡时整个溶液的 pH。而在实际的电化学体系中,金属表面上各点的 pH 可能是不同的。通常,阳极反应区的 pH 比整体溶液的 pH 要低,而阴极反应区的 pH 要高些。

φ-pH 图的局限性也反映了电化学热力学理论的局限性。所以,为了使理论能指导实践,解决实际的电化学问题,不仅需要深入研究电化学热力学,而且需要深入研究电极过程动力学。

习　题

1. 说明电势与电势差的区别,如何理解绝对电极电势和相对电极电势?
2. 试分析讨论如何将电化学与热力学联系起来。
3. 原电池的电动势与电池结构和尺寸是否有关联?
4. 相间电势有哪几类?
5. 液接电势产生的原因是什么?是否有有效的方法可以消除它?
6. 为什么不能用普通电压表测量电动势?应该怎样测量?

7. 根据两个电极的标准电极电势的大小是否可以判断它们组成的电池反应能否自发进行？

8. 说明标准电极电势 $\varphi^{\ominus}$ 的电化学意义，如何用它计算 $\Delta_r G_m^{\ominus}$、$E^{\ominus}$？

9. 比较电化学反应和非电化学的氧化还原反应之间的区别。

10. 写出下列电极的反应，并判断属于哪一类电极。

(1) Ag|AgNO$_3$(0.1mol/L)

(2) Hg|HgO(s), NaOH(0.1mol/L)

(3) Cu|NaOH(0.1mol/L)

(4) Zn|ZnSO$_4$(0.1mol/L)

11. 稳定的就是平衡电势，不稳定的就是不平衡电势。这种说法正确吗？为什么？

12. 已知电池反应 $Ag^+ + Fe^{2+} \Longrightarrow Ag + Fe^{3+}$，试着写出电池的表示式和电动势表示式，并计算出该反应的平衡常数。

13. 钢铁零件在盐酸中容易发生腐蚀溶解，而铜零件却不易腐蚀，为什么？

14. 将一根铁棒浸入水中一半，什么地方腐蚀溶解最严重？为什么？

15. 举例叙述如何从理论上建立 φ-pH 图。

16. 为什么金属的 φ-pH 图通常要用虚线画出水的 φ-pH 线？

第 5 章 能源电化学界面基础

通过前面章节的学习，我们学习了能源电化学的学习方法和研究内容、主要电化学储能体系、电解质体系及其性质，以及热力学基础原理等方面的相关知识内容。除此之外，电化学界面作为承载电化学反应的主要场所，几乎所有的电化学反应都是在电化学界面上发生的。因此，了解电化学界面的组成、结构、形成原理和基础物理化学特性十分重要，而电化学界面也成为能源电化学最重要的研究对象之一。双电层结构作为电化学储能体系中电极/溶液(电解质)界面的基本结构，本章将重点阐述电化学界面中双电层的形成、双电层结构模型的发展、特性吸附的本质和速率及其对双电层结构、性质的影响。最后，本章对目前主要研究和应用的能源电化学界面的表征方法进行简要介绍。

5.1 能源电化学界面简介

能源电化学体系中所谓的界面实际上是指"电极/溶液(电解质)界面"，即两相之间的一个界面层，也就是与任何一相基体性质不同的相间过渡区域。能源电化学所研究的界面结构主要是指在这一过渡区域中剩余电荷和电势的分布以及它们与电极电势之间的关系，而界面性质则主要指界面层的物理化学特性，尤其是电性质。为了研究界面性质，首先要搞清楚电极/溶液(电解质)界面具有什么结构，即界面剩余电荷是如何分布的。为此，人们提出过各种界面结构模型。随着电化学理论和实验技术的发展，界面结构模型也随之不断发展、日臻完善。

鉴于各类电极反应都发生在电极/溶液(电解质)的界面上，界面的结构和性质对电极反应有很大的影响，这一影响主要表现在以下两方面。

(1) 界面电场对电极反应速率的影响。界面电场是由电极/溶液相间存在的双电层引起的。而双电层中符号相反的两个电荷之间的距离很小，因而能产生巨大的场强。例如，当双电层的电势差(电极电势)为 1V，而界面两个电荷层的距离为 10^{-8} cm 时，其场强可以达到 10^8 V/cm。由于电极反应是得失电子的反应，也就是有电荷在相间发生转移的反应。因此，在如此巨大的场强下，电极反应速率必将发生极大变化，甚至某些在其他场合难以发生的化学反应也能够发生。另外，电极电势可以被人为地、连续地加以改变，因而可以通过控制电极电势来有效地、连续地改变电极反应速率。这也正是电极反应区别于其他化学反应的一大特点。

(2) 电解液性质和电极材料及其表面状态的影响。电解质溶液的组成和浓度，电极材料的物理化学性质及其表面状态均能影响电极/溶液界面的结构和性质，从而对电极反应性质和反应速率有明显的作用。例如，在同一电极电势下，同一种溶液中，析氢反应 $2H^+ + 2e^- = H_2$ 在铂电极上进行的速率比在汞电极上快 10^7 倍以上。溶液中表面活性物质或络合物的存在也能改变电极反应速率,如水溶液中苯并三氮唑的少量添加,就可以抑制铜的腐蚀溶解。因此,要想深入了解电极过程的动力学规律,就必须了解电极/溶液(电解质)界面的结构和性质,才能达到有效控制电极反应性质和反应速率的目的。

由于界面结构和界面性质之间有着密切的内在联系,因此,研究界面结构的基本方法是测定某些重要的、反映界面性质的参数(如表面张力、微分电容、电极表面剩余电荷密度等)及其与电极电势的函数关系。将这些实验测定结果与根据理论模型推算出来的数值进行比较,如果二者比较一致,则该结构模型就有一定的正确性。反之,则说明该模型需要进一步修正。迄今为止,人们普遍接受的基本观点和有代表性的界面结构模型主要是由"内紧密层"和"外分散层"组成的"界面双电层"结构模型,将在下面的小节进行系统讨论。

5.2 双电层的形成

在电极/电解质溶液体系内部,当两相接触时,如果电子或离子等荷电粒子在两相中具有不同的电化学电势,荷电粒子就会在两相之间发生转移或交换,界面两侧便形成符号相反的两层电荷,人们把界面上的这两个荷电层称为双电层。如比较典型的金属/溶液界面(M/L)两侧,若 $\mu_{M^+} > \mu_{M^+}(L)$,则荷电粒子发生转移,金属表面荷负电;反之,则金属表面荷正电,这种双电层常称为"离子双电层"。尽管上述的离子双电层有时并不存在,但金属与溶液界面间仍然会存在着电势差。因此,无论是金属表面,还是溶液表面,都存在着偶极层。这种由于偶极子正、负电荷分隔开而形成的双电层,称为"偶极双电层"。对任何一种金属而言,由于金属的电子会"溢出"金属表面形成双极子,所以即使溶液一侧不存在偶极子层,但对金属与溶液的界面来说,这种偶极双电层总是存在的。此外,溶液中某一种离子有可能被吸附于电极与溶液界面上,形成一层电荷,这层电荷又借助静电作用吸引溶液中同等数量的带相反电荷的离子而形成双电层,通过这种方式形成的双电层则称为"吸附双电层"。

应当注意的是,界面上第一层电荷的出现,靠的就是静电力以外的其他化学与物理作用,而第二层电荷则就是由第一层电荷的静电力引起的。如果界面上有了吸附双电层,当然也会产生一定大小的电势差。金属与溶液界面的电势差主要由上述三种类型双电层引起的电势差的一部分或全部组成,但其中对电极反应速率有重大影响的,则主要是离子双电层的电势差。离子双电层的形成有两种可能的情况:一种是在电极与溶液接触后的瞬间自发形成的;另一种则是在外电源作用下强制形成的双电层。因为有些时候,当金属与溶液接触时,并不能自发地形成双电层。例如,将纯汞(Hg)放入氯化钾(KCl)溶液的界面上常常不能自发地形成双电层。但如果将 Hg 电极与外电源连接,外电源就向 Hg 电极供应电子,在其电势达到 K^+ 还原电势之前,电极上不会发生电化学反应,因而此时 Hg 电极上有了多余的电子而带负电。这层负电荷吸引溶液中相同数量的正电荷(如 K^+),从而形成双电层。

自 20 世纪 70 年代以来,关于双电层理论的研究进一步向深度发展,人们提出溶液离子为荷电硬球的设想，将溶剂近似为连续介质或简化为电偶极硬球来处理，以流体物理为基础，借助计算机模拟技术对经典双电层模型进行修正，在双电层理论的研究中取得了一定的进展。另外，近年来，通过采用一些先进的物理化学表征技术手段(如电化学扫描隧道显微镜等)对双电层结构的研究也取得了显著的进展。

5.3 双电层结构模型

对于金属电极与电解质溶液界面上形成的双电层而言，从结构上可以分为离子双电层、表面偶极双电层与吸附双电层等三种类型。关于带质点在双层内分布的问题，各个时期提出了不同的模型。本节着重讨论离子双电层结构的几个经典模型及其相关理论知识，即亥姆霍兹模型(平板电容器模型)、Gouy-Chapman 模型和 Stern 模型。

5.3.1 亥姆霍兹模型

早在 19 世纪末，亥姆霍兹就曾提出"平板电容器"模型，或称为"紧密双电层"模型，如图 5-1 所示。按照这种模型，电极表面上与溶液中的剩余电荷都紧密地排列在紧密两侧，形成类似于平板电容器那样的双电层结构和电荷分布。该模型将最靠近金属表面的平面定义为亥姆霍兹层，电势在双电层内呈直线下降。假设溶液中负离子比正离子更接近电极表面，采用这种电化学双电层理论和模型可以解释在某些溶液中测得的微分电容曲线在两侧各有一段水平的线段，但这种模型无法解释为什么在稀溶液中会出现极小值。

金属电极是一种良导体，所以在平衡时，其内部不存在电场，即任何金属相的过剩电荷都严格存在于表面。亥姆霍兹于是首先提出关于界面电荷分离的推论，认为溶液中的相反电荷也存在于表面。因此，应当说有两个由分子量级距离分开的、极性相反的电荷层。实际上，双电层这个名字起源于亥姆霍兹在此领域内的早期著作。这样的结构相当于平板电容器，其储存电荷密度 σ 和两电板之间的电压降 V 之间存在如下关系式：

$$\sigma = \frac{\varepsilon \varepsilon_0}{d} V \tag{5-1}$$

式中，ε 为介质的介电常数；ε_0 为真空的介电常数；d 为两板之间的距离。

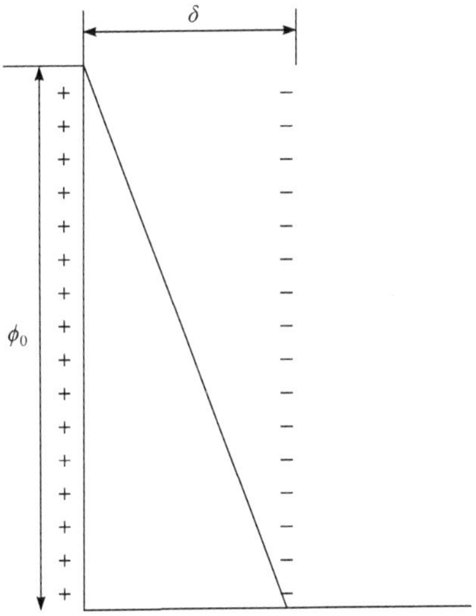

微分电容表示为

图 5-1 亥姆霍兹模型示意图

$$\frac{\partial \sigma}{\partial V} = C_d = \frac{\varepsilon \varepsilon_0}{d} \tag{5-2}$$

从式(5-2)中可知，电容 C_d 是一个常数，这也就是该模型的缺点。因为在真实体系中的

C_d 并非常数，图 5-2 是对汞在不同浓度氟化钠溶液间界面双电层电势的一个生动描述。可以看出，C_d 随电势和浓度的变化说明 ε 和 d 都与这些变量有关。因此，需要一个更完善的模型对该现象进行解释。

5.3.2 Gouy-Chapman 模型

为了解决平板电容器模型所面临的问题，古依(Gouy)与查普曼(Chapman)提出了"分散双电层"模型，如图 5-3 所示。由于离子热运动的影响，溶液一侧的剩余电荷不可能紧密地排列在两相界面上，而是按照势能场中粒子的分配规律分布在邻近界面的液层中，即形成电荷的分散层(diffuse layer)。这种模型可以很好地解释稀溶液中出现的电容极小值，但在表面电荷密度过高时，计算得出的电容值却远大于实验测得的数值，在发展过程中又出现了新的矛盾。即使电极上的电荷被局限于表面，溶液中却并不一定如此，尤其是稀电解液中，溶液相中电荷载体密度相对较低，它可能需要相当厚度的溶液储存过剩电荷来抵消电荷密度(σ^M)。由于金属相电荷有依据其极性吸引或排斥溶液中带电粒子的趋势，因此，其与热过程导致的无序化趋势之间的相互作用必然会使厚度有限。

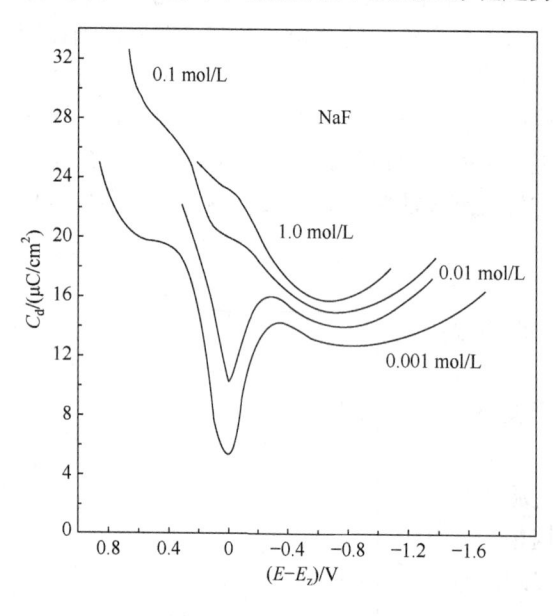

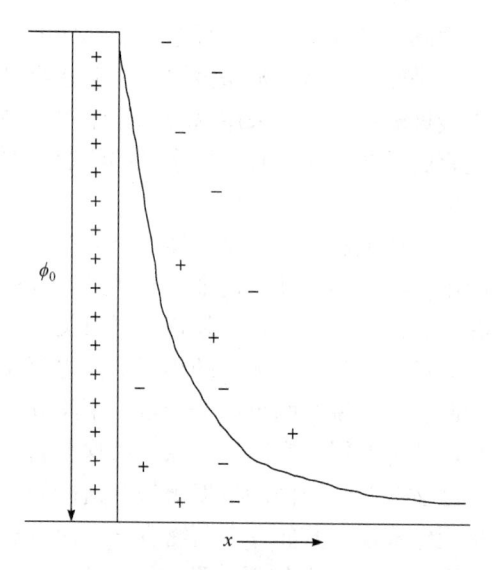

图 5-2 Hg 在 NaF 溶液中(25℃)中的微分电容-电势曲线

图 5-3 Gouy-Chapman 模型示意图

为此，这种模型包含一个溶液电荷分散层，过剩电荷最高浓度应该在靠近电极位置，此处静电力克服热过程的能力最大；距离越远，静电力越弱，浓度就逐渐减小，因此，在电容表达式(5-2)中，应以电荷之间的平均距离来代替 d。可以预料，平均距离与电势和电解液浓度有关。电极带电越多，分散层就变得越紧密，并且 C_d 也就越大。当电解质浓度增加时，分散层也应同样被压缩，结果使电容上升。这种定性趋势实际上也可以从图 5-2 的数据中看到。

Gouy 和 Chapman 各自独立地提出了分散层的概念，并且用统计力学的方法加以描述。即将溶液细分成平行于电极且厚度为 dx 的若干薄层(图 5-4)，所有这些薄层彼此处于热平衡。然而，由于静电势 ϕ 变化，任意物质的离子 i 在各个薄层并不具有相同的能量。薄层可以被认为是等量衰减的能态，因此，物质在两个薄层中的浓度是玻尔兹曼常量决定的比值。如果将远离电极的薄层作为参考层，该层中每种离子均处于它的本体浓度 n_i^0。那么，任意其他薄层中离子的总数为

$$n_i = n_i^0 \exp\left(\frac{-Z_i e\phi}{\kappa T}\right) \tag{5-3}$$

式中，ϕ 相对本体溶液测得；e 为电子电荷；κ 为玻尔兹曼常量；T 为热力学温度；Z_i 为离子 i 所带的电荷数(带符号)。

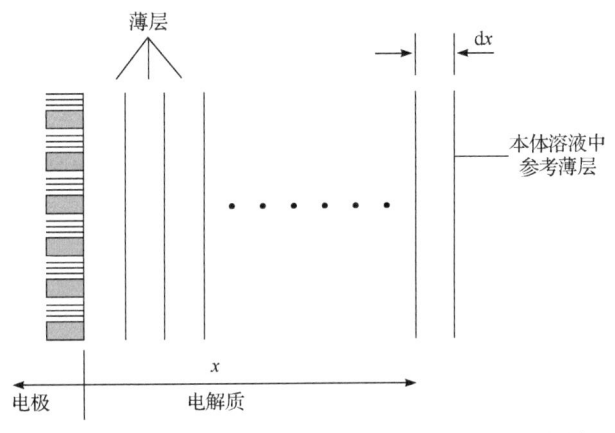

图 5-4 将电极表面附近溶液看作一系列薄层的示意图

于是得到，任意薄层中单位体积内的总电荷为

$$\rho(x) = \sum_i n_i Z_i e = \sum_i n_i^0 Z_i e \exp\left(\frac{-Z_i e\phi}{\kappa T}\right) \tag{5-4}$$

式中，i 表示的是所有离子的种类数。通过静电学的知识我们知道，$\rho(x)$ 与距离 x 处的电势符合泊松(Poisson)方程：

$$\rho(x) = -\varepsilon \varepsilon_0 \frac{d^2\phi}{dx^2} \tag{5-5}$$

因此，将式(5-4)和式(5-5)联系起来，就可以得到描述这种体系的泊松-玻尔兹曼(Poisson-Boltzmann)方程式：

$$\frac{d^2\phi}{dx^2} = -\frac{e}{\varepsilon\varepsilon_0}\sum_i n_i^0 Z_i \exp\left(\frac{-Z_i e\phi}{\kappa T}\right) \tag{5-6}$$

对式(5-6)进行积分，并根据在远离电极位置 $\phi = 0$ 及 $(d\phi/dx) = 0$，得出

$$\left(\frac{d\phi}{dx}\right)^2 = \frac{2\kappa T}{\varepsilon\varepsilon_0}\sum_i n_i^0 \left[\exp\left(\frac{-Z_i e\phi}{\kappa T}\right) - 1\right] \tag{5-7}$$

因此，对于只含一种对称型电解质体系而言，采用这种限制后，可以得到

$$\frac{d\phi}{dx} = -\left(\frac{8\kappa T n^0}{\varepsilon\varepsilon_0}\right)^{1/2} \sinh\left(\frac{Ze\phi}{2\kappa T}\right) \tag{5-8}$$

式中，n^0 是每种离子在本体溶液中的浓度；Z 是离子电荷数。基于以上讨论，对于只含一种对称性的电解质体系，其分散层中的电势分布、σ^M 和零电荷电势(ϕ_0)之间的关系，以及微分电容可以作以下分析。

1. 分散层中的电势分布

对方程式(5-8)按如下方式进行整理并积分：

$$\int_{\phi_0}^{\phi} \frac{d\phi}{\sinh\left(\frac{Ze\phi}{2\kappa T}\right)} = -\left(\frac{8\kappa T n^0}{\varepsilon\varepsilon_0}\right)^{1/2} \int_0^x dx \tag{5-9}$$

式中，ϕ_0 是 $x = 0$ 处相对于本体溶液的电势，即 ϕ_0 是整个分散层的电势降。结果为

$$\frac{2\kappa T}{Ze} \ln\left[\frac{\tanh\left(\frac{Ze\phi}{4\kappa T}\right)}{\tanh\left(\frac{Ze\phi_0}{4\kappa T}\right)}\right] = -\left(\frac{8\kappa T n^0}{\varepsilon\varepsilon_0}\right)^{1/2} x \tag{5-10}$$

或

$$\frac{\tanh\left(\frac{Ze\phi}{4\kappa T}\right)}{\tanh\left(\frac{Ze\phi_0}{4\kappa T}\right)} = e^{-\kappa x} \tag{5-11}$$

式中

$$\kappa = \left(\frac{2n^0 Z^2 e^2}{\varepsilon\varepsilon_0 \kappa T}\right)^{1/2} \tag{5-12a}$$

对于稀水溶液而言，$\varepsilon = 78.49$。因此，在25℃下式(5-12a)还可以表示为

$$\kappa = \left(3.29\times 10^7\right) Z c^{*1/2} \tag{5-12b}$$

式中，c^* 是 $Z:Z$ 型电解质(即电解质分别只含有一种带等量电荷数 Z 的阳离子和阴离子。有时对称性电解质，如 NaCl、HCl 和 CaSO$_4$ 也被称为 $Z:Z$ 型电解质)本体浓度(单位为mol/L)；κ 的单位为 cm^{-1}。

式(5-11)概述了分散层的电势分布，图 5-5[由 10^{-2}mol/L 电解质(1∶1型)水溶液(25℃)计算得到。$1/\kappa = 3.04$nm]是对几种不同 ϕ_0 值计算的电势分布，电势总是随离开表面的影响而不断衰减。当 ϕ_0 较大时(高度荷电的电极)，分散层比较紧密，电势下降很快；当 ϕ_0 较小时，电势衰减比较缓慢。

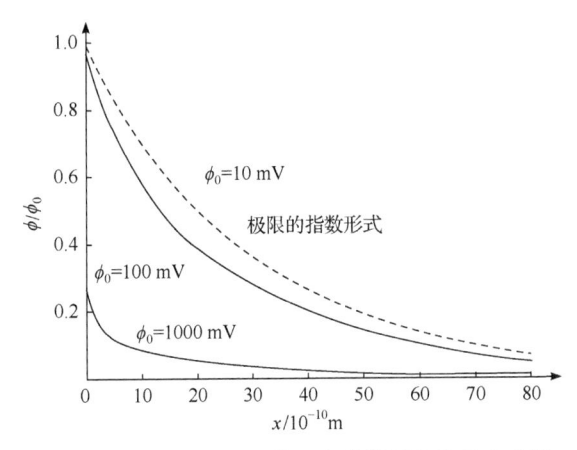

图 5-5 Gouy-Chapman 模型中分散层电势分布曲线

在实际情况下，当 ϕ_0 小到某种极限程度时，衰减会按指数形式进行。如果 ϕ_0 足够低，即 $(Ze\phi_0/4\kappa T) < 0.5$，那么 $\tanh(Ze\phi/4\kappa T) \approx Ze\phi/4\kappa T$ 总是成立，而且

$$\phi = \phi_0 e^{-\kappa x} \tag{5-13}$$

在 25℃下，当 $\phi_0 \leqslant 50/Z$ mV 时，这种关系是一个很好的近似关系。应当注意，κ 的倒数具有距离的量纲并代表了电势空间衰变的特性，它可以被作为分散层的一种特征厚度来看待。表 5-1 提供了 1∶1 型电解质几种浓度下的 $1/\kappa$ 值。这种分散层同法拉第实验中遇到的典型扩散层尺度相比显然是非常薄的。而当电解液浓度减小时，它就变得较厚。

表 5-1 分散层的特征厚度[①]

$c^*/(\text{mol/L})$[②]	$(1/\kappa)$ / nm	$c^*/(\text{mol/L})$[②]	$(1/\kappa)$ / nm
1	0.30	10^{-3}	9.62
10^{-1}	0.96	10^{-4}	30.4
10^{-2}	3.04		

① 指 25℃时的 1∶1 型电解质水溶液。
② $c^* = n^0/N_A$，这里的 N_A 是阿伏伽德罗常量。

2. σ^M 和 ϕ_0 之间的关系

假设在所研究体系中放置一盒状的高斯表面，如图 5-6 所示，盒子一端位于界面，侧面垂直于这一端，并且延伸至场强 $d\phi/dx$ 基本为零的足够远溶液中，所以盒中包括与靠近其末端电极表面部分的电荷相反的分散层中所有电荷。

根据高斯定律，该电量为

$$q = \varepsilon\varepsilon_0 \oint_{\text{界面}} \mathscr{E} \, d\mathbf{S} \tag{5-14}$$

因为除了末端界面(end surface)以外，表面上所有点的场强 $\mathscr{E}$ 均为零 [此处，每一点场强的大小为 $(d\phi/dx)_{x=0}$]，故而

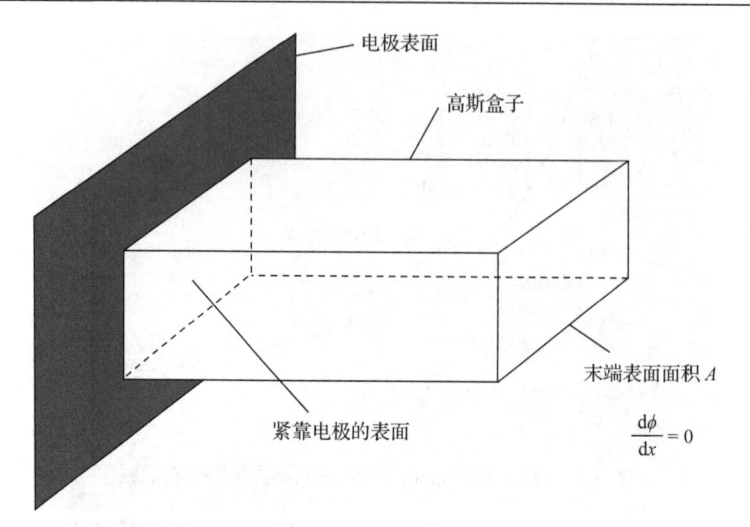

图 5-6 电极溶液一侧面积为 A 的分散层内包含电荷的高斯盒子

$$q = \varepsilon\varepsilon_0 \left(\frac{d\phi}{dx}\right)_{x=0} \int_{末端界面} dS \tag{5-15}$$

或

$$q = \varepsilon\varepsilon_0 A \left(\frac{d\phi}{dx}\right)_{x=0} \tag{5-16}$$

因此，将式(5-8)代入，并认为 q/A 为溶液相的电荷密度 σ^S，得到

$$\sigma^M = -\sigma^S = \left(8\kappa T\varepsilon\varepsilon_0 n^0\right)^{1/2} \sinh\left(\frac{Ze\phi_0}{2\kappa T}\right) \tag{5-17a}$$

在25℃下，对于稀的水溶液而言，可以求得常数并给出

$$\sigma^M = 11.7c^{*1/2} \sinh(19.5Z\phi_0) \tag{5-17b}$$

式中，σ^M 单位为 μF/cm²，c^* 单位为 mol/L。ϕ_0 只与电极上的荷电状态有直接关系。

3. 微分电容

经过上面的讨论，我们可以通过微分式(5-17)预测微分电容：

$$C_d = \frac{d\sigma^M}{d\phi_0} = \left(\frac{2Z^2e^2\varepsilon\varepsilon_0 n^0}{\kappa T}\right)^{1/2} \cosh\left(\frac{Ze\phi_0}{2\kappa T}\right) \tag{5-18a}$$

在稀的水溶液，温度为25℃时，该方程式可以简写为

$$C_d = 228Zc^{*1/2} \cosh(19.5Z\phi_0) \tag{5-18b}$$

式中，C_d 以 μF/cm² 表示，本体电解质溶液浓度 c^* 以 mol/L 表示。图 5-7 是按照式(5-18)的要求对 10^{-2} mol/L 电解质(1∶1 型)水溶液(25℃)计算得到的 C_d 随电势变化的曲线。预测的微分电容在远离 E_z 电势时迅速增加，在零电荷电势(PZC)处有一个最小值，而其两

边 C_d 急剧增高。预测的 V 形电容函数与低浓度 NaF 中 PZC 附近观察到的行为的确很相像(图 5-2)。然而，在实际体系中，在较极端的电势下显示出一个电容的平台，而在高电解液浓度下，PZC 处则没有出现低谷。而且，实际的电容值通常比预测值要低得多。Gouy-Chapman 理论的部分成功说明它有一些真实的要素，但是它仍然存在一些重要缺点。在下一节的讨论中将会看到，其缺点之一就是与电解质溶液中离子大小有关。

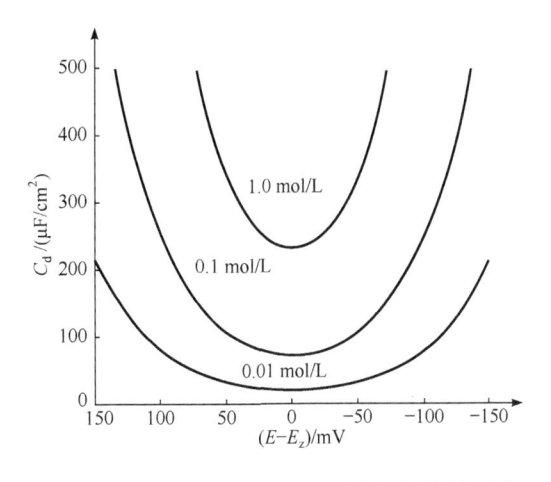

图 5-7 根据 Gouy-Chapman 理论预测的微分电容

5.3.3 Stern 模型

1924 年，斯特恩(Stern)在 Gouy-Chapman 模型基础上提出了一种改进后的双电层模型，如图 5-8 所示。这种模型认为双电层可以同时具有紧密性与分散性，当电极表面 σ^M 较大，同时电解质溶液的总浓度较大(几 mol/L 以上)时，液相中离子倾向于紧密地分布在界面上，这时可能形成所谓"紧密双电层"，此时便与一个荷电的平板电容器相似。而当溶液中离子浓度不够大，或电极表面 σ^M 比较小，则由于离子热运动，溶液中的剩余电荷不可能全部集中排列在界面上，而使电荷分布具有一定的"分散性"。这种情况下，双电层包括"内紧密层"与"外分散层"两部分。

设 d 为水化离子的半径，在与电极距离 $x = 0$ 至 $x = d$ 的薄层中不可能存在电荷，也就是说，在紧密双电层中($x \leq d$)不存在离子电荷，所以电场强度为恒定的值，电势梯度也保持不变，在此间隔中电势与 x 呈线性变化，且此直线很陡。在 $x > d$ 的区间内，当 x 增大，电场强度及电势梯度的数值也随之变小，直至趋近于零。因此在分散层中，电势 ψ 随距离 x 呈曲线变化，曲线的形状先陡后缓。这时电极与溶液之间的电势差 ψ 实际包含两个组成部分：①紧密双电层中的电势差：$\psi-\psi_1$；②分散层中的电势差 $-\psi_1$。这里的 ψ 与 ψ_1 都就是相对溶液内部的电势(规定为零)而言的。

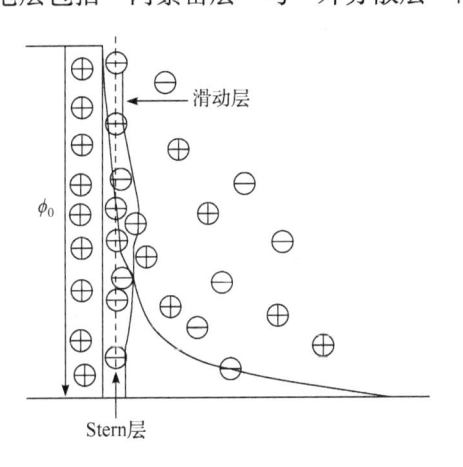

图 5-8 Stern 模型示意图

根据上面的讨论，如果电极表面所带电荷多，静电作用占优势，离子热运动的影响减小，双电层结构较紧密，在整个电势中，紧密层电势占的比例较大，即 ψ_1 的值变小。溶液浓度增大时，离子热运动变困难，故分散层厚度减小，ψ_1 的值也减小。因此，电极表面的电化学双电层理论和模型有很多，并且溶液中离子的浓度很大时，分散层厚度几乎等于零，可以认为 $\psi_1 \approx 0$；反之，当金属表面所带电荷极少，且溶液很稀，则分散层厚度可以变得相当大，以至于近似认为双电层中紧密层不复存在。若电极表面所带电荷下降为零，则达到了很高的分散，离子双电层随之消失。温度升高时，质点热运动增大，ψ_1 也增大。当溶液温度与设定温度相同时，双电层的分散性随离子价数的增加而减小。

以上讨论金属与溶液之间的双电层时，只考虑了金属上的剩余电荷与溶液中的离子剩余电荷之间的作用，诚然，这就是形成金属与溶液间双电层的主要原因。但除此之外，还有溶剂(如水)的极性分子与金属上剩余电荷的作用以及溶液中某种负离子在金属上的特性吸附作用会影响界面双电层的结构。

在 Gouy-Chapman 模型中，微分电容随 ϕ_0 无限增大的原因是离子在溶液相的位置不受限制，它们被视为可以任意接近表面的点电荷。所以，在强极化情况下，金属和溶液相电荷层区域 x_2 之间的有效距离将会不断地减小到零。这种观点是不实际的。离子有一定的大小，不可能靠近表面到小于它的半径。如果离子保持溶剂化，那么初始溶液壳层的厚度必须加在离子的半径上。对于在电极表面上的溶剂层来说，也必须考虑为另外的增量。换言之，可以将某 x_2 距离处的离子中心想象为最靠近的平面。在低浓度电解质体系中，这种限制作用对 PZC 附近预测的电容影响有限，因为分散层的厚度比 x_2 要大得多。然而，在较大的极化作用下，或者电解液的浓度很高时，溶液中电荷变得更加紧密地靠向 x_2 的界面，整个体系与亥姆霍兹模型相近。于是可以预期到相应水平的微分电容。x_2 平面是一个重要的概念，称为外亥姆霍兹面(outer Helmholtz plane，OHP)。

对 Stern 首先提出的这种界面模型，把上一节的原则加以延伸就可以处理。泊松-玻尔兹曼方程式(5-6)及其解式(5-7)和式(5-8)在 $x \geqslant x_2$ 位置仍然适用，于是 $Z:Z$ 型电解液分散层电势分布可由下式给出：

$$\int_{\phi_2}^{\phi} \frac{\mathrm{d}\phi}{\sinh(Ze\phi/2\kappa T)} = -\left(\frac{8\kappa T n^0}{\varepsilon\varepsilon_0}\right)^{1/2} \int_{x_2}^{x} \mathrm{d}x \quad (5\text{-}19)$$

或

$$\frac{\tanh(Ze\phi/4\kappa T)}{\tanh(Ze\phi_2/4\kappa T)} = \mathrm{e}^{-\kappa(x-x_2)} \quad (5\text{-}20)$$

式中，ϕ_2 是在 x_2 处相对于本体溶液的电势，κ 由式(5-12)确定。依据式(5-8)，在 x_2 处的场强为

$$\left(\frac{\mathrm{d}\phi}{\mathrm{d}x}\right)_{x=x_2} = -\left(\frac{8\kappa T n^0}{\varepsilon\varepsilon_0}\right)^{1/2} \sinh\left(\frac{Ze\phi_2}{2\kappa T}\right) \quad (5\text{-}21)$$

因为电极表面到 OHP 之间的任意点电荷密度均为零，由式(5-5)得知，这一区间内具有相同的场强，故紧密层的电势分布是呈线性的。图 5-9(b)总结了这一情形[对 10^{-2} mol/L 电解质(1∶1 型)水溶液(25℃)由式(5-20)计算得到]。

由此双电层总的电势降为

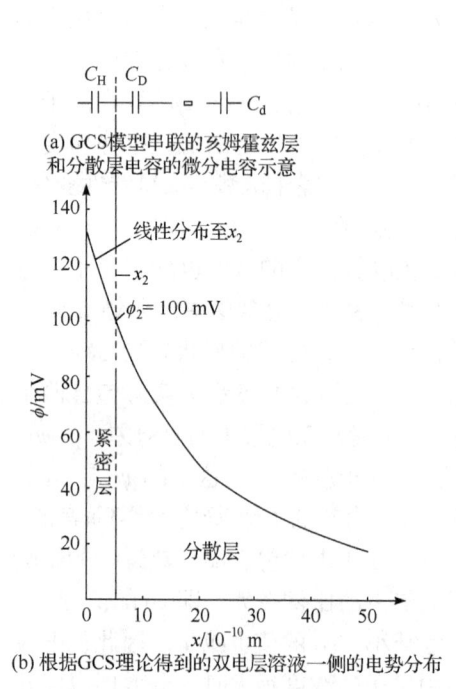

(a) GCS模型串联的亥姆霍兹层和分散层电容的微分电容示意

(b) 根据GCS理论得到的双电层溶液一侧的电势分布

图 5-9 Goug-Chapman-Stern(GCS)模型

$$\phi_0 = \phi_2 - \left(\frac{\mathrm{d}\phi}{\mathrm{d}x}\right)_{x=x_2} x_2 \tag{5-22}$$

此外，还应注意，在溶液一侧的所有电荷都存在于分散层中，其数值与 ϕ_2 的关系正好符合前面所设想的高斯盒子的原则：

$$\sigma^M = -\sigma^S = -\varepsilon\varepsilon_0 \left(\frac{\mathrm{d}\phi}{\mathrm{d}x}\right)_{x=x_2} = \left(8\kappa T \varepsilon\varepsilon_0 n^0\right)^{1/2} \sinh\left(\frac{Ze\phi_2}{2\kappa T}\right) \tag{5-23}$$

为了求得微分电容，可用式(5-22)取代 ϕ_2：

$$\sigma^M = \left(8\kappa T \varepsilon\varepsilon_0 n^0\right)^{1/2} \sinh\left[\frac{Ze}{2\kappa T}\left(\phi_0 - \frac{\sigma^M x_2}{\varepsilon\varepsilon_0}\right)\right] \tag{5-24}$$

对上式微分并加以整理得到：

$$C_\mathrm{d} = \frac{\mathrm{d}\sigma^M}{\mathrm{d}\phi_0} = \frac{\left(2\varepsilon\varepsilon_0 Z^2 e^2 n^0 / \kappa T\right)^{1/2} \cosh\left(\frac{Ze\phi_2}{2\kappa T}\right)}{1 + (x_2/\varepsilon\varepsilon_0)\left(2\varepsilon\varepsilon_0 Z^2 e^2 n^0 / \kappa T\right)^{1/2} \cosh\left(\frac{Ze\phi_2}{2\kappa T}\right)} \tag{5-25}$$

以倒数形式表示出来：

$$\frac{1}{C_\mathrm{d}} = \frac{x_2}{\varepsilon\varepsilon_0} + \frac{1}{\left(2\varepsilon\varepsilon_0 Z^2 e^2 n^0 / \kappa T\right)^{1/2} \cosh\left(\frac{Ze\phi_2}{2\kappa T}\right)} \tag{5-26}$$

该表达式表明，电容可由两个单独的倒数形式组成，就像是两个电容器的串联一样。因此可以把式(5-26)中的两项分别看作是电容 C_H 和 C_D 的倒数，它们可以由图 5-9(a)加以说明：

$$\frac{1}{C_\mathrm{d}} = \frac{1}{C_\mathrm{H}} + \frac{1}{C_\mathrm{D}} \tag{5-27}$$

将式(5-26)中各项与式(5-2)和式(5-18)比较，明显看出 C_H 对应于 OHP 上电荷的电容，而 C_D 是真正的分散层电荷的电容。

C_H 的数值与电势无关，而 C_D 在上一节已经知道它以 V 形变化。总电容 C_d 表现为一种复杂的行为，这种行为由两个分电容中较小的电容决定。在低浓度电解液体系 PZC 附近，预期可以看到 C_d 的 V 形函数特征。在较高浓度电解液中，甚至稀电解液中较强极化作用情况下，C_D 会变得如此之大，以至于对 C_d 没有贡献，只看到恒定的电容 C_H。图 5-10 可以很好地描述这种行为。

这种模型就是通常所讲的 GCS 模型，它给出了解释真实体系总体行为特征的推论。但仍存在 C_H 并非真正与电势相关这样的偏差，图 5-2 就是一个明显的例证。这方面必须通过对 GCS 理论的改进来解决，如考虑紧密层中电介质的结构，在强界面场中电介质的饱和(完全极化)，在 x_2 处阴离子和阳离子过剩量的差异，以及其他类似的情况等。这

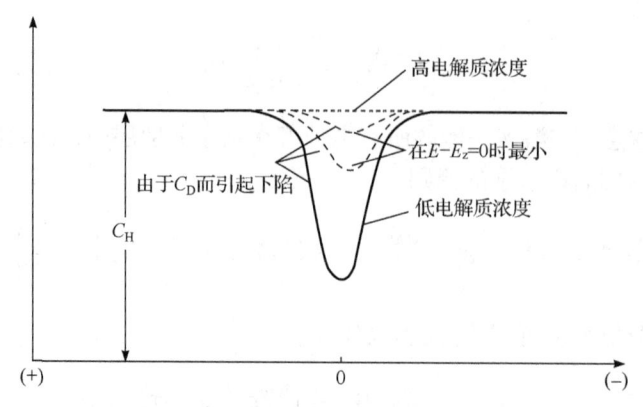

图 5-10 依据 GCS 理论预测的 C_d 随电解质浓度变化行为

个理论还忽略了双电层内离子对(或离子间相互作用)效应以及离子与电极表面电荷非特异性强相互作用。后者影响可以描述为双电层中"离子浓缩",可用将表面电荷看作"有效表面电荷"的模型来处理,由于浓缩的离子对"有效表面电荷"比实际电极表面电荷小。这种效应很难通过测量电容或表面张力来探测。常常还必须考虑一些通过化学相互作用吸附在电极表面的、带电或不带电物质的影响。这个问题是下一节所要讨论的内容。

后来,Backrest 等考虑水与离子的定性吸附,对 GCS 模型进一步修正,提出紧密层分为内紧密层与外紧密层。内紧密层由吸附水离子、特性吸附离子组成;外紧密层为紧密层与分散层的分界,由水化离子组成。当电荷表面存在负的剩余电荷时,水化正离子并非与电极直接接触,二者之间存在着一层吸附水分子,在这种情况下,水化正离子距电极表面稍远些。由这种离子电荷构成的紧密层称为外紧密层。当电极表面化的剩余电荷为正时,构成双电层的水化负离子的水化膜被破坏,并且它能挤掉吸附在电极表面上的水分子而与电极表面直接接触。这种情况下紧密层中负离子的中心线与电极表面距离比正离子小得多,可称之为内紧密层。因此,根据构成双电层离子性质不同,紧密层有内层与外层之分,正如前所述,可以解释电极表面荷正电时,测得的电容值比电极表面荷负电时要大的原因。经典双电层理论的研究方法主要就是根据假设模型计算得到界面参数并与实验测定值相比较,如果吻合,说明假设模型成立。而且在经典模式中,未考虑溶剂与溶质分子,离子的粒子性以及各粒子间的相互作用,认为在亥姆霍兹平面内每一点都就是等单位的,而事实上,这个平面内不同点存在不同的电势值。如果考虑亥姆霍兹平面内的离子电荷作为一个点电荷在金属表面层中引起的"镜像电荷",则金属表面电荷的分布也就是不均匀的。

5.4 特 性 吸 附

在物理化学课程学习中我们知道,某种物质的分子、原子或离子在界面富集或贫乏的现象称为吸附。按照吸附作用力的性质,可以将其分为物理吸附和化学吸附。而在电极/溶液(电解质)界面上同样也会发生吸附现象。但由于界面上存在着一定范围内连续变化的电场，电极/溶液界面的吸附现象比一般界面吸附更为复杂。当电极表面带有剩余电荷时，会在静电作用下使相反符号电荷的离子聚集到界面区，这种现象称为"静电吸附"。另外，溶液中的各种粒子还可能因非静电作用而发生吸附，称之为"特性吸附"(specific adsorption)。在建立界面结构模型时，迄今仅仅考虑了溶液相中产生电荷过剩的长程静电作用。除了离子电荷数和可能的离子半径之外，可以忽略它们的化学本性，也就是所讲的非特性吸附(nonspecifically adsorption)。

然而，实际情况却是有差别的。讨论图 5-11 中的数据，可以注意到在比 PZC 更负时，表面张力的下降和所预料的一样，并且不论体系的组成如何，下降的情况都相同，这种结果可由 GCS 理论预测。另外，电势比 PZC 更正时，曲线间差异明显。在正电势范围内，体系的行为则与其组成有关。由于这种行为的差异发生在阴离子必定过剩的电势下，人们猜想，在汞上发生了阴离子的某种特性吸附。特性相互作用应当有非常短程的本质，因此推断，特性吸附物质会紧密结合在电极表面上。距表面 x_1 处的中心轨迹就是内亥姆霍兹平面(inner Helmholtz plane，IHP)。

检测和定量分析特性吸附可用什么实验方法呢？大概最直接的方法是测定相对表面过剩量。图 5-12 有几个特征。首先，溴离子电势比 PZC 负、钾离子电势比 PZC 正时相对过剩都为正的，在 PZC 下发现两种物质均为正的过剩。这些特点之中没有一个是可以由静电模型，诸如基础的 GCS 理论来解释的。特性吸附离子的鉴别，可通过考虑在关键的区域中 $Z_iF\Gamma_{i(H_2O)}$ 相对于 σ^M 斜率来揭示：

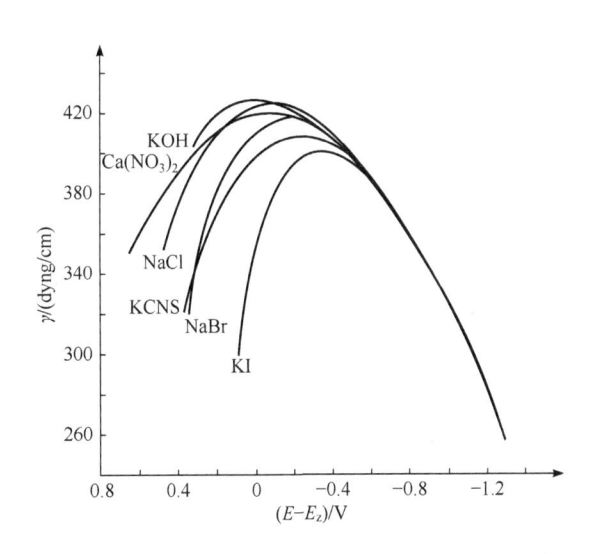

图 5-11 汞与指定电解质相接触表面张力与电势作图的电毛细曲线(18℃)

$$\sigma^M = -\left[F\Gamma_{K^+(H_2O)} - F\Gamma_{Br^-(H_2O)}\right] \tag{5-28}$$

非特性吸附时，电极上电荷由一种离子过剩和另一种离子缺乏来平衡，正如在图 5-12 的负电势区域所看到的那样。如果电极电势变得更负，那么过剩电荷就由过剩和缺乏两者的增加来适应。因此，$F\Gamma_{K^+(H_2O)}$ 不如 σ^M 增长得快。换言之，在负的区域内 $F\Gamma_{K^+(H_2O)}$ 对 σ^M 的斜率应当是不大于 1 的值。同样道理，得到 $-F\Gamma_{Br^-(H_2O)}-\sigma^M$ 的斜率在正的区域内也应当小于或等于 1。

图 5-12 数据表明，电势比 PZC 负得多时，体系在这方面的行为正常。然而，在正的区域内，溴有超当量吸附(super equivalent adsorption)。斜率 $d\left(-F\Gamma_{Br^-(H_2O)}\right)/d\sigma^M$ 的值超过 1。因此，电极上电荷的变化由多于等当量的 Br^- 电荷所平衡。这一证据充分表明在

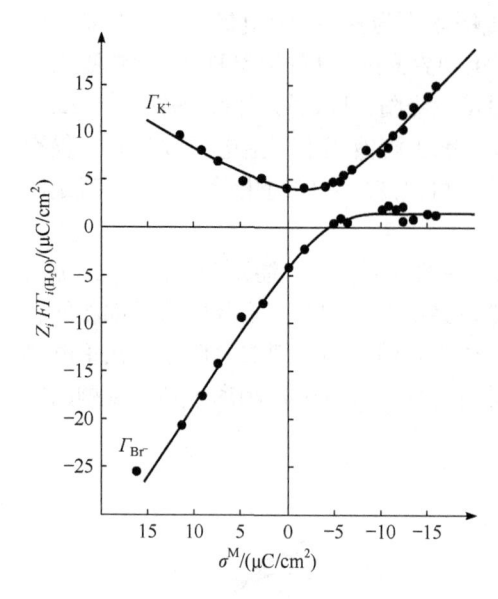

图 5-12 在 0.1mol/L KBr 溶液中汞表面过剩量与电势关系图

电势比 PZC 更正时溴离子发生特性吸附。同一区域内，K^+ 过剩为正可解释为部分补偿溴化物超当量吸附的需要。显然，导致特性吸附的力是足够强的，至少在部分负的区域克服了相反库仑力场的作用，这可以从稍负的 σ^M 区域内溴离子过剩为正推断出来。

荷电物质特性吸附的另一特征是 Esin-Markov 效应，这种效应表现为 PZC 随电解液浓度变化而移动。表 5-2 给出了各类电解液的 PZC。PZC 移动的数值通常与电解质活度对数呈线性关系，直线的斜率是 $\sigma^M = 0$ 条件下 Esin-Markov 系数。在电极电荷密度非零但恒定时，也会得到类似结果。因此 Esin-Markov 系数一般可以写为

$$\frac{1}{RT}\left(\frac{\partial E_\pm}{\partial \ln a_{\text{salt}}}\right)_{\sigma^M} = \left(\frac{\partial E_\pm}{\partial \mu_{\text{salt}}}\right)_{\sigma^M} \quad (5\text{-}29)$$

表 5-2 各种电解液中的零电荷电势[①]

电解液	浓度/(mol/L)	PZC(V vs. NCE)[②]	电解液	浓度/(mol/L)	PZC(V vs. NCE)[②]
NaF	1.0	−0.472	KBr	1.0	−0.65
	0.1	−0.472		0.1	−0.58
	0.01	−0.480		0.01	−0.54
	0.001	−0.482	KI	1.0	−0.82
NaCl	1.0	−0.556		0.1	−0.72
	0.3	−0.524		0.01	−0.66
	0.1	−0.505		0.001	−0.59

① 引自 Grahame D C. 1947. Chem Rev, 41: 441。
② NCE 为常规甘汞电极。

非特性吸附没有提出电极电势取决于电解质浓度的机理，所以非特性吸附时的 Esin-Markov 系数应该是零。现在讨论电极在 PZC 下且有阴离子特性吸附的体系。如果多加入一些相同的电解质，将有更多的阴离子被特性吸附，因此，σ^s 就不再为零，必须得到补偿。由于电极比溶液极性更大，靠近电极溶液中相反的电荷增加，为了保持 $\sigma^M = 0$，电势必须负移，这样特性吸附阴离子的过剩电荷正好由分散层中相反的过剩电荷所平衡。因此，恒电荷密度下电势随电解质浓度增加负移标志着阴离子的特性吸附，而电势正移标志着阳离子的特性吸附。

由表 5-2 数据看出，氯离子、溴离子和碘离子都表现出特性吸附，而氟离子没有。现在弄清楚了为什么把氟化钠和氟化钾溶液同汞接触作为验证非特性吸附的 GCS 理论

的标准体系。显然,特性吸附也将引入一个电容组分,并且也能够通过 C_d 的研究检测到。

实际上,通过分析 C_d 导数 $\partial C_d / \partial E$,特性吸附程度随电势变化应当是很显著的。分析界面结构的一些最普遍的方法就是基于这些概念。

离子特性吸附可以很大程度上改变界面区电势分布。图 5-13 是 Grahame 早期提供的 0.3mol/L NaCl/Hg 界面的一组曲线,特别应当注意最正的电势下曲线形状。中性分子作为被吸附物质也是大家所感兴趣的,因为它们影响或者参与了法拉第过程。中性分子吸附行为一个有趣的方面是它们在水溶液中的吸附往往只在相对靠近 PZC 时有效。这种现象的一般解释是依据中性分子吸附需要取代表面水分子这样的共识,当界面被强烈极化时,水紧密地结合在界面上,由弱偶极物质取代它们在能量上是不利的。吸附只能在 PZC 附近发生,此时水可以较容易被排除。在任一给定情况下,这种理论的适用性取决于具体中性物质的电性质。

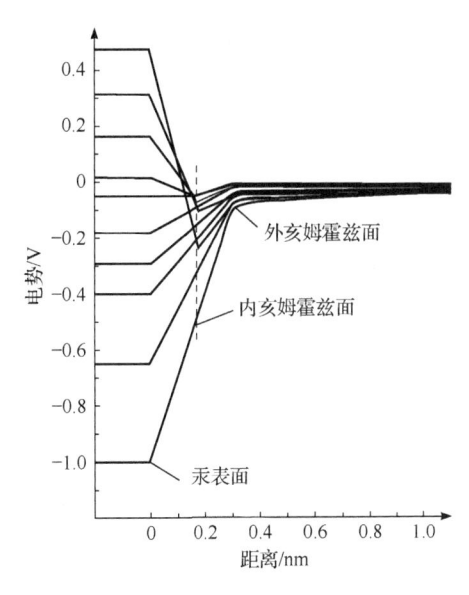

图 5-13 汞在 0.3mol/L NaCl 水溶液(25℃)中计算的双电层电势分布曲线

5.4.1 特性吸附的本质和程度

前面已经讨论了吸附的两种形式:即电极表面附近离子分布受长程静电力影响的非特性吸附,以及被吸附物与电极材料之间通过强相互作用在电极表面上形成(部分或完整的)一层特性吸附。非特性吸附和特性吸附之间的差别,类似于离子存在于溶液相反电荷的离子氛中(按照德拜-休克尔模型)和两种溶解物质之间成键(如配位反应一样)差别。

特性吸附可以有几种作用。如果电活性物质被吸附,考虑到存在于电极表面的活性物质量在实验开始时就比本体浓度高,那么已知的电化学方法的理论处理必须加以修正。此外,特性吸附可以影响反应的热力学,例如,吸附 O 比溶解 O 更难还原。

非电活性物质的特性吸附也能改变电化学响应,例如在电极表面上形成一层阻挡层。然而,吸附也可能提高物质的反应活性(如铂电极上脂肪族碳氢化合物的吸附),例如使非活性物质分解为活性的物质。在这种情况下,电极对于氧化还原反应就像是一种催化剂,这种现象通常称为电催化(electrocatalysis)。

电毛细方法在测定汞电极表面特性吸附物质相对表面过剩时是非常有用的,但这种方法对于固体电极要复杂得多。法拉第响应常用于电活性物质电极反应和产物吸附量的测定。非电化学方法也可以用于电活性和非电活性物质。例如,一个大面积的电极浸入溶液并施加不同的电势之后,可用一种灵敏分析技术(如分光光度法、荧光法和化学发光等)监控溶液中可被吸附的溶解物浓度的变化,直接可以测得吸附时离开本体溶液的物质的量。放射性示踪法也可以用于测定溶液中吸附物浓度的变化。放射性测量还可以用于已从溶液中取出的电极,这要对仍浸湿电极的本体溶液加以适当校正。由于吸附引起的本体浓度变化非常小，这种直接测量的普遍问题是实现准确测量所需要的灵敏度及精确度。单层吸附物的量取决于吸附分子大小及其在电极表面上的取向，原子或分子可在表面以不同的方式和结构吸附。如果吸附结构与表面原子严格对应，则称为对称吸附。例如 Au(111)表面原子密度为 $1.5×10^{15}$ 原子/cm^2，原子间距为 0.29nm。如果吸附原子位于每个 Au 原子(表示为 1×1 超点阵)顶部位置，则表面覆盖度为 $2.5×10^{-9}$ mol/cm^2。然而，一般分子的尺寸较大而无法以这种方式排列，而是采取更大的间隙。碘或对氨基苯硫酚在 Au(111)表面可能吸附于三重对称空位，然而，由于它们太大而无法占据每一个空位。简单形貌显示相邻吸附分子间距是 Au 原子间距的 $\sqrt{3}$ 倍(或数值为 0.50nm)，而且吸附分子排列方向相对于下面 Au 原子排列方向成 30°角，这种结构称为($\sqrt{3}×\sqrt{3}$)R30°。此时吸附分子数量是底层 Au 原子的 1/3(或数值为 $8.3×10^{-10}$ mol/cm^2)。对于更大的分子则覆盖度更低。一般低分子量物质的覆盖度通常在 10^{-9}～10^{-10} mol/cm^2，这相当于一个容易测得的电量(>10μC/cm^2)，所以电活性吸附物的电化学测量可以检测到亚单层。

值得注意的是，上述覆盖度指的是在原子级平整表面上。实际上所有固体电极(包括单晶电极)表面由于台阶、平台和缺陷的存在比较粗糙，因此单位投影面积的覆盖度会更大。实际面积与投影面积(即假设电极完全平滑的面积)的比率称为粗糙度。即便是表观平滑和抛光的固体电极粗糙度也可达到 1.5～2 甚至更大。无论是电极浸在溶液中的光谱法(如表面增强拉曼光谱和扫描隧道显微镜)，还是电极从溶液中取出(或浸过)以后的光谱法研究电极表面的吸附层都日益引起人们的兴趣。这些方法是非常有用的，因为它们可以提供有关吸附层结构的信息。

5.4.2 吸附等温式

在给定温度下，单位电极面积上物质 i 的吸附量 Γ_i、本体溶液中的活度 a_i^b 和体系的电学状态 E 或 q^M 之间的关系由吸附等温式给出。它是根据平衡条件下本体中的物质 i 和被吸附的物质 i 电化学势相等的条件得到的，即

$$\bar{\mu}_i^A = \bar{\mu}_i^b \tag{5-30}$$

式中，上标 A 和 b 分别表示吸附和本体。因此

$$\bar{\mu}_i^{\ominus,A} + RT\ln a_i^A = \bar{\mu}_i^{\ominus,b} + RT\ln a_i^b \tag{5-31}$$

式中，$\bar{\mu}_i^{\ominus}$ 是标准电化学势。标准吸附自由能 $\Delta \bar{G}_i^{\ominus}$ 是电极电势的函数，它可定义为

$$\Delta \bar{G}_i^{\ominus} = \bar{\mu}_i^{\ominus,A} - \bar{\mu}_i^{\ominus,b} \tag{5-32}$$

于是可以得到

$$a_i^A = a_i^b e^{-\Delta \bar{G}_i^{\ominus}/RT} = \beta_i a_i^b \tag{5-33}$$

式中

$$\beta_i = \exp\left(\frac{-\Delta \bar{G}_i^{\ominus}}{RT}\right) \tag{5-34}$$

方程式(5-34)是吸附等温式的一般形式，a_i^A是a_i^b和β_i的函数。各种特殊的等温式源于a_i^A和Γ_i之间关系的假设或模型不同。下面讨论一些常用的等温式。

朗谬尔(Langmuir)等温式包括以下几点假设：①电极表面吸附物质之间无相互作用；②表面不存在非均一性；③在高的本体活度下，电极被吸附物饱和(如形成单层)，覆盖度是Γ_s。于是

$$\frac{\Gamma_i}{\Gamma_s - \Gamma_i} = \beta_i a_i^b \tag{5-35}$$

等温式有时写成表面被覆盖的分数，$\theta = \Gamma_i / \Gamma_s$，这种形式的Langmuir等温式是

$$\frac{\theta}{1-\theta} = \beta_i a_i^b \tag{5-36}$$

通过在β项中引入活度系数，Langmuir等温式可用溶液物质i的浓度表示。这就得到：

$$\Gamma_i = \frac{\Gamma_s \beta_i c_i}{1 + \beta_i c_i} \tag{5-37}$$

如果i和j两种物质竞争吸附，那么相应的Langmuir等温式可以表示为

$$\Gamma_i = \frac{\Gamma_{i,s} \beta_i c_i}{1 + \beta_i c_i + \beta_j c_j} \tag{5-38}$$

$$\Gamma_j = \frac{\Gamma_{j,s} \beta_j c_j}{1 + \beta_i c_i + \beta_j c_j} \tag{5-39}$$

式中，$\Gamma_{i,s}$和$\Gamma_{j,s}$分别表示i和j的饱和覆盖度。假设覆盖度θ_i和θ_j是独立的，每种物质吸附速率正比于自由面积$1-\theta_i-\theta_j$、溶液浓度c_i和c_j，各自的脱附速率正比于θ_i和θ_j，由此动力学模型可以导出上述方程式。

吸附物质之间的相互作用，因试图将吸附能表示为表面覆盖度的函数而使问题复杂化。包含这种可能性的等温式是Temkin对数等温式[式(5-40)]以及Frumkin等温式[式(5-41)]：

$$\Gamma_i = \frac{RT}{2g} \ln\left(\beta_i a_i^b\right) \tag{5-40}$$

$$\beta_i a_i^b = \frac{\Gamma_i}{\Gamma_s - \Gamma_i} \exp\left(-\frac{2g\Gamma_i}{RT}\right) \tag{5-41}$$

Frumkin等温式是基于式(5-32)定义的电化学吸附自由能与Γ_i呈线性关系的假设而出现的：

$$\Delta \overline{G}_i^{\ominus}(\text{Frumkin}) = \Delta \overline{G}_i^{\ominus}(\text{Langmuir}) - 2g\Gamma_i \tag{5-42}$$

参数g的量纲是(J/mol)/(mol/cm^2)，它表示提高覆盖度时物质i吸附能的改变方式。若g为正，表面上相邻的吸附分子间的作用力是相互吸引的；若g为负，则是相互排斥

的。值得注意的是，当 $g \rightarrow 0$ 时，Frumkin 等温式趋近于 Langmuir 等温式。这种等温式可以写成下面的形式(式中 β 项包含活度系数)：

$$\beta_i c_i = \frac{\theta}{1-\theta} \exp(-g'\theta) \tag{5-43}$$

式中，$g' = 2g\Gamma_s / RT$。g' 的范围一般为 $-2 \leqslant g' \leqslant 2$，$g'$ 也可能是电势的函数。

5.4.3 吸附速率

物质 i 从溶液到新生电极表面上[如滴汞电极(DME)的新鲜汞滴上]的吸附所遵循的一般行为与电极反应行为相似。如果表面吸附速率快，则在电极表面上就可建立平衡，给定时间内吸附物的量 $\Gamma_i(t)$ 与电极表面上吸附物浓度 $c_i(0,t)$ 通过适当的等温式相关联。吸附层增长到它的平衡值 Γ_i 的速率由传质到电极表面的速率控制。当扩散和对流作为物质传递的方式(扩散层近似)时，可采用线性等温式处理此问题。当 $\beta_i c_i \ll 1$ 时，等温式(5-37)可被线性化为

$$\Gamma_i = \Gamma_s \beta_i c_i = b_i c_i \tag{5-44}$$

式中，$b_i = \beta_i \Gamma_s$。以该方程式为问题的边界条件，即

$$\Gamma_i(t) = b_i c_i(0,t) \tag{5-45}$$

其他所需的方程式是物质 i 的菲克第二定律及条件 $c_i(x,0) = c_i^*$ 和趋于无穷时的极限 $\lim_{x \to \infty} c_i(x,t) = c_i^*$，而且在时间 t 时吸附物质的量与电极表面上的物质 i 流量关系如下：

$$\Gamma_i(t) = \int_0^t D_i \left[\frac{\partial c_i(x,t)}{\partial x} \right]_{x=0} \mathrm{d}t \tag{5-46}$$

对于静止的平板电极(半无限线性扩散)，则可以表示为：

$$\frac{c_i(x,t)}{c_i^*} = 1 - \exp\left(\frac{x}{b_i} + \frac{D_i t}{b_i^2}\right) \mathrm{erfc}\left[\frac{x}{2(D_i t)^{1/2}} + \frac{(D_i t)^{1/2}}{b_i}\right] \tag{5-47}$$

$$\frac{\Gamma_i(t)}{\Gamma_i} = 1 - \exp\left(\frac{D_i t}{b_i^2}\right) \mathrm{erfc}\left[\frac{(D_i t)^{1/2}}{b_i}\right] \tag{5-48}$$

应当注意，在线性等温式条件下，$\Gamma_i(t)/\Gamma_i$ 与 c_i^* 无关。这样处理的后果是，对于 D_i 和 b_i 的真实值来说，达到平衡覆盖度[即 $\Gamma_i(t)/\Gamma_i \approx 1$]需要很长的时间。显然，在 DME 上且在通常汞滴滴下时间内，或者静止电极上由不发生吸附的初始电势以中等速度扫描时，是不可能达到吸附平衡的。

当然，线性等温式的假设只在有限的浓度范围内才是正确的。完整的吸附等温式的应用，可能需要问题的数值解；定性来看，这样处理的结果与线性等温式结果是一致的(图 5-14)。然而，达到平衡的速率显然与本体浓度 c_i^* 有关。

另外，吸附速率可以通过搅拌溶液来提高。对于线性等温式，搅拌溶液时

$$\frac{\Gamma_i(t)}{\Gamma_i} = 1 - \exp\left(\frac{-m_i t}{b_i}\right) \quad (5\text{-}49)$$

式中，$m_i = D_i/\delta_i$ 是传质系数。关于传质控制的动力学其他处理方法在第 7 章进行讨论。

当电极上的吸附速率由吸附过程本身控制时，也曾用 Temkin 对数等温式和 Temkin 动力学的假设处理过。虽然尝试过测定吸附速率，然而这种方法的结果并没有广泛采用。Delahay 断定吸附固有速率是很快的，至少水溶液中汞上的吸附如此，所以总的速率往往由传质所控制。关于传质控制吸附速率的内容将在第 7 章进行介绍。

5.4.4 电解质特性吸附时的双电层影响

早在 1933 年人们就已经认识到双电层结构和离子特性吸附影响电极反应动力学这一事实。这种影响导致一系列表观的反常现象，

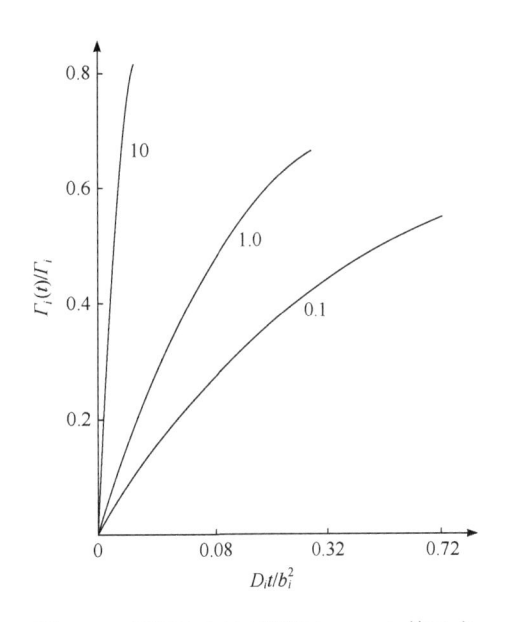

图 5-14 不同 bc^*/Γ_i 值下 Langmuir 等温式扩散控制吸附达到平衡覆盖度 Γ_i 的速度

例如，即使是电解质离子参与的在无表观的本体反应(配位或离子对)的情况下，给定的异相电子转移步骤的速率常数 k^0 也与支持电解质离子的性质或浓度有关，可以观测到非线性的塔费尔曲线。有时可以看到 i-E 曲线上有相当显著的变化，如阴离子($S_2O_8^{2-}$)的还原，扩散平台电流在一定电势下会下降，在 i-E 曲线上出现极小值。这些影响可以用双电层区域的电势变化来理解和解释。Frumkin 曾描述了这些基本概念，因此有时称为 Frumkin 效应。

双电层对动力学总体影响(有时称为 ϕ_2 效应或俄语文献中的 Ψ 效应)表现为：由于 ϕ_2 随 $(E-E_z)$ 变化，表观量 k^0 和 i_0 与电势呈函数关系。由于 ϕ_2 与支持电解质浓度有关，表观量也是支持电解质浓度的函数。为了得到与电势和浓度无关的 k_t^0 或 $i_{0,t}$，表观速率数据的校正需要获得基于某种双电层结构模型在给定实验条件下的 ϕ_2 值。

当支持电解质中一种离子(如 Cl$^-$ 或 I$^-$)特性吸附时，将偏离由分散双电层校正严格计算出的值。阴离子特性吸附会导致 ϕ_2 更负，而阳离子特性吸附会导致 ϕ_2 更正，原则上，Frumkin 校正因子考虑到了这些影响；然而，反应物最近平面的位置和外亥姆霍兹平面处的实际电势常常无法确定，并且通常只是定性地而非定量地解释这些影响。一种离子的特性吸附也可能导致电极表面的封闭从而抑制反应，且与 ϕ_2 效应无关。以 DME 电极上 CrO_4^{2-} 极谱法还原为例，由于 $Z = -2$，反应速率对 ϕ_2 效应非常敏感。加入的低浓度四烷基氢氧化物(R_4NOH)极大促进了该还原反应，由于水溶液中 R_4N^+ 的特性吸附，ϕ_2 更正(图 5-15)。然而较高浓度下，速率降低。这种影响是由于电极表面的屏蔽效应，并且随 R 基团增大(Bu > Pr > Et > Me)，作用更加明显。尽管双电层结构对反应速率影响的研究常常很复杂，但可以提供电极反应机理、反应物质的位置和反应位点的性质等方面的详

细信息。

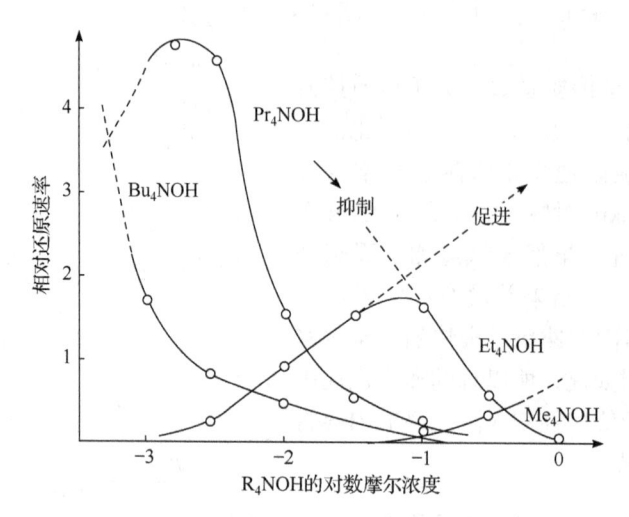

图 5-15 在不同四烷基胺氢氧化物存在下，–0.75V(vs. SCE)、25℃时，
铬酸盐(0.2mmol/L)还原速率的变化
Me—甲基；Et—乙基；Pr—丙基；Bu—丁基

另外，特性吸附对双电层结构的影响作用也应用到了新型电池体系(如锂金属电池等)的研究中。例如，某些阳离子由于强烈的相互作用可以优先吸附在正极表面，阳离子在内亥姆霍兹平面的吸附会导致表面和外亥姆霍兹平面的电势正移，从而有助于高能量准固态锂金属电池形成稳定的正极电解质界面(CEI)和脱溶剂化过程。因此，可以通过阳离子特异性吸附定制双电层结构来显著提升高压准固态锂金属电池的性能。研究人员采用 1-乙烯基-3-乙基咪唑阳离子(VEIM)优先吸附在高电压镍富集的三元正极(NCM83)表面，形成阳离子(VEIM$^+$)富集的内亥姆霍兹平面，构建了均匀且具备高氧化阻力的聚合物保护层，促进阴离子在双电层内的富集，并形成具有优异电化学稳定性和锂离子扩散动力学的阴离子衍生层。同时，碳酸乙烯亚乙酯(VEC)-离子液体(IL)共聚物[P(VEC-IL)]骨架中的带正电荷的咪唑基团显著减弱了锂离子与溶剂/阴离子的相互作用，有助于锂离子的传输和脱溶剂化过程。在高达 4.5V 的电压和宽温度范围(–30～70℃)下，实现优异的电化学性能和循环稳定性。类似的研究表明，利用某些阳离子或阴离子的特异性吸附，通过巧妙的设计，对双电层的结构进行定向调控，可以有效改进双电层的结构和储能性质，实现对电池的电化学性能的优化改善，为新型高性能化学电源的研究开发提供指导。

5.5 能源电化学中的固态电解质界面

通过本章前面章节的学习，我们了解到能源电化学界面的基本知识，经典的几类界面模型，以及特性吸附相关原理、吸附等温式、吸附速率和特性吸附对双电层的影响等内容。这些知识内容对于能源电化学领域的研究具有重要指导作用，同时也是近年来新兴的各类电池体系(如锂离子电池等)的重要理论参考。进入 21 世纪以来，随着新能源资源开发利用规模的不断扩大以及化学电源研究和应用的快速发展，锂离子电池等新型化学电源在人们的日常生产生活中扮演着越来越重要的地位和作用。因此，研究锂离子电池中的界面性质及其形成机理和作用机制，对于锂离子电池性能的提升尤为重要。

1913年，路易斯(Lewis)首次发表关于锂金属电化学电势的论文，从而开启了最早的关于锂电池的研究工作。由于金属锂化学性质过于活泼，在空气和水中都极其不稳定，因而当时的锂电池未受到重视。之后，在1958年，William S. Harris 发现锂金属在加入锂盐的有机溶剂[如碳酸丙烯酯(PC)]中可以保持稳定，其原因在于锂金属在与电解液接触时发生化学反应并在锂金属表面生成了一层钝化层。这种钝化层是一种界面层，具有固态电解质的特征，是电子绝缘体却是锂离子的优良导体，锂离子可以经过该钝化层自由地嵌入和脱出。因此，这层钝化膜被称为固态电解质界面(solid electrolyte interphase，SEI)膜。SEI 膜可以阻止锂金属与电解液继续发生反应，同时允许锂离子的传输，是保证锂电池稳定的前提。因此，在今后的几十年中，关于 SEI 膜的结构、性质以及改性方面的研究一直持续至今。

随着对 SEI 膜研究的逐步深入，其组成、结构、性质和作用也越发清晰。以基于石墨负极的锂离子电池为例，在碳酸酯类有机体系电解液中，石墨负极在首次充放电过程中会与电解液通过界面反应，在石墨表面生成一层厚度约为几十到几百纳米的 SEI 膜。研究表明，SEI 膜的组成与电解液组分密切相关，主要由无机组分和有机组分构成，其中，无机组分主要包括 Li_2CO_3、LiF、Li_2O、LiOH 等，而有机组分则包括 $ROCO_2Li$、ROLi、$(ROCO_2Li)_2$ 等。另外，在形成 SEI 膜的过程中，通常还会伴随乙烯、氢气、一氧化碳等气体的产生。在实际的锂离子电池化成过程中，电解液溶剂、锂盐、添加剂、微量空气杂质等会进行各种各样的反应。这一系列反应既受还原电势、还原活化能、交换电流密度等物质固有特性的影响，又受温度、电解质盐浓度以及还原电流等其他因素的影响。这些因素的综合作用使得 SEI 膜的形成过程变得尤为复杂，形成机理难以理解清晰。目前，普遍认为 SEI 膜的生成分为两个过程：首先，电池负极极化，有机电解液溶液组分发生还原分解，形成新的化学产物；接着，新生成的产物在负极表面经过沉淀形成 SEI 膜。由于其化学反应复杂、杂质含量较多、电流分布不均匀等问题，SEI 膜的结构十分复杂，现阶段的主流观点认为 SEI 膜是双层结构：靠近电解液的一侧多孔、疏松，大部分由有机化合物组成，且该层的空隙由电解液填充，这层结构在后续循环过程中可能会经历进一步还原，形态发生改变；靠近负极的一侧则主要由无机化合物组成，该层空隙较少，结构较为紧密。

SEI 膜是一层脆弱的薄层结构，完全形成的 SEI 膜具有较高的锂离子电导率和可忽略的电子电导率，并具备足够的柔韧性和结实程度。SEI 膜的电子隔绝性阻止了负极表面电解液的进一步还原反应，其优异的离子电导特性则使得锂离子可以通过 SEI 膜嵌入负极中，而其足够的柔韧性和结实程度则可以有效避免锂离子脱嵌过程中负极材料产生的体积变化使 SEI 膜破裂。此外，SEI 膜和负极表面之间有足够大的分子力，可以避免后续进一步极化反应的发生。

在电池体系中，SEI 膜对电池性能具有极其重要的影响作用。化成过程中，形成 SEI 膜的量代表消耗的锂离子电池中活性锂的量，直接决定锂离子电池的容量。因此，SEI

膜的形成过程需尽可能少地消耗活性锂以保证电池较高的容量。一方面，SEI 膜的形成使得电池首次不可逆容量增加，降低了电极材料的充放电效率。另一方面，SEI 膜具有有机溶剂不溶性，在有机电解液中能够稳定存在，并且溶剂分子不能通过 SEI 膜，从而有效防止溶剂分子发生共嵌，避免了溶剂分子共嵌对电极材料造成的破坏，因而大幅提高了电极的循环性能和使用寿命。然而，如果 SEI 膜的电子隔绝性差，则在电池循环过程中，电子会与电解液接触，持续发生还原反应，不断消耗电池内部的活性锂，造成电池循环寿命短。SEI 膜随着循环进行会出现脱落和增厚两种现象，脱落时产生的 SEI 膜碎片进入电解质，在电压作用下发生电泳现象，尤其是在高倍率放电时，产生的碎片会沉积在电极表面；同时，锂离子电池在高倍率循环过程中，负极的 SEI 膜会出现明显增厚。这两种现象是由于电极表面电阻增大，影响锂离子的嵌入和脱出，进而影响电池的倍率性能。另外，SEI 膜的性质还对电池安全性有着至关重要的影响。在电池快充过程中，如果锂离子通过 SEI 膜的速度比锂在负极的沉积速度慢，就会在充放电循环过程中连续产生锂枝晶，这可能会导致锂离子电池短路，从而引起爆炸燃烧；同时，SEI 膜形成不完整或发生分解时，嵌入负极的锂会与电解液以及黏结剂反应放热，反应热随着嵌锂量的增加而持续增大，极大地影响电池的安全性。

因此，深入研究 SEI 膜的形成机理、组成结构、稳定性及影响因素、功能属性，并进一步寻找改善 SEI 膜性能的有效途径，成为近年来锂离子电池研究的热点及重点领域。例如，在传统的碳酸酯类有机电解液体系中，通常会用到碳酸二甲酯(DMC)和碳酸乙烯酯(EC)的混合溶剂。研究发现，电解液中 EC 的还原分解是石墨负极表面 SEI 膜形成的主要原因。SEI 膜的形成起到抑制石墨负极进一步极化和电解液持续分解的作用，并保证锂离子的有效传输，从而实现更为稳定的电化学性能和循环寿命。另外，通过对 SEI 膜的结构及功能组分进行优化设计，可以显著提升 SEI 膜的功能属性和稳定性，从而改善电池的电化学性能。例如，研究人员发现多功能添加剂[如氟代碳酸乙烯酯(FEC)、硝酸锂($LiNO_3$)等]可以优先在负极表面发生还原分解，从而形成富含多种功能组分(如 LiF、Li_3N 等)的 SEI 膜。这些功能组分的引入既可以提高 SEI 膜的机械性能，同时还能进一步改善其离子导电性并增强电子绝缘性，避免了 SEI 膜在长循环过程中的破裂重组以及持续不断的电解液副反应和活性锂损失。因此，电池的电化学性能得以明显改进。

通过对 SEI 膜的组成结构等进行系统的表征研究，从中获得其各项物理及化学性质，可以更为明确地研究 SEI 膜的基本性质及其对电池性能的影响机理。然而，SEI 膜极不稳定，当其置于空气中时，SEI 膜的成分很容易与空气中的 H_2O 和 CO_2 反应生成 Li_2CO_3、Li_2O 等无机锂盐。同时，SEI 膜中的锂还会与 O_2 反应生成各种强亲核性的氧化物，进而与有机分子和半碳酸盐反应生成碳酸盐和醇盐。所以，对 SEI 膜进行表征时，应该用专门的容器将样品从充满惰性气体的手套箱中迅速转移到分析仪器，避免化学污染和物理破坏。比较常用的 SEI 膜成分、结构和热分析表征方法有 X 射线光电子能谱(XPS)分析、拉曼光谱分析、红外光谱分析、原子力显微镜(AFM)分析、扫描隧道显微镜(STM)分析、透射电子显微镜分析、差热扫描量热分析(DSC)等。近年来。随着各类先进表征手段的不断发展，SEI 膜的表征方法也变得各式各样。尤其是各类原位表征技术的问世，使得对 SEI 膜进行精准高效的表征分析成为可能。

5.6 能源电化学界面表征方法

通过电化学界面结构和性质的有效表征，可以有针对性地对电化学界面特性进行研究和设计。用于能源电化学界面表征的传统非原位测试方法(如循环伏安法、微分电容法、电毛细曲线法等)虽然可以提供有关电化学界面的部分有价值的信息，但后处理性质限制了其研究电化学界面特性的能力，例如电池在充放电循环过程中 CEI 膜和 SEI 膜的详细结构变化及中间相就不能通过非原位技术测得。并且，鉴于电极和电解质对空气和水分的敏感性，通过非原位技术测量电化学界面反应过程所得的结果，如价态变化、表/界面反应、界面组分结构演变等不能完全反映电池内部真实发生的具体情况。因此，在真实的电池工作条件下获取能源电化学界面特性相关的信息就至关重要。近年来，纳米科技和原位表征技术研究所取得的重大进展，为能源电化学界面表征分析提供了有效的途径。本节将重点介绍几种能源电化学界面表征所用到的新型原位测试技术，包括电化学原位拉曼光谱、电化学原位扫描探针技术、电化学原位中子技术等。

5.6.1 电化学原位拉曼光谱

拉曼光谱分析法源自印度科学家拉曼(Raman)所发现的拉曼散射效应，其原理主要是基于被测样品与单色光相互作用时的非弹性散射。通过将散射光的波长或光子能量的变化与系统的振动模式相对应，从而反映出拉曼活性分子的特征。一束频率为 v_0 的单色光照射到样品表面后，样品分子可以使入射光发生散射。大部分光只是改变方向发生散射，而光的频率仍然与激发光的频率相同，这种散射称为瑞利散射，强度约为入射光的 10^{-3}。其中，约占总散射光强度的 $10^{-3}\sim10^{-6}$ 的散射，不仅光的传播方向发生了改变，其频率也发生变化，被称为拉曼散射。拉曼散射中频率减少的散射称为斯托克斯散射，频率增加的散射称为反斯托克斯散射，而拉曼光谱仪通常测定的大多是斯托克斯散射。散射光与入射光之间的频率差 Δv 称为拉曼位移，其与入射光频率无关，只与物质分子的振动和转动能级有关。不同物质分子具有不同的振动和转动能级，因而具有特定的拉曼位移。因此，拉曼光谱测试技术被广泛用于鉴定物质结构的分析和研究。

拉曼光谱对极化率的改变很敏感，这使其特别适用于观测水介质中进行的电化学反应。因此，将拉曼光谱与电化学方法结合为研究电化学反应过程和机理提供了有力手段，可以用来确定循环过程中电极表面的结构变化。拉曼光谱技术是一种非破坏性和非侵入性技术，具有较高的空间分辨率和表面灵敏度，常被用于表征锂离子电池等新型电化学储能器件电极界面微观结构变化。在电催化反应中，拉曼光谱能够提供真实反应条件下电极表(界)面分子的微观结构和中间产物的信息。然而，由于在循环过程中电极/溶液(电解质)界面发生电化学反应的复杂性导致光谱高度重叠和难以解释，并且 CEI/SEI 膜组分结构演变随循环进行呈现出动态变化，使得拉曼光谱技术难以实时有效地检测出电极/溶液(电解质)界面反应情况，造成其在机理研究方面的应用受限。

基于此，研究人员提出了原位拉曼光谱技术并应用于能源电化学界面特性的研究(如研究锂离子电池 CEI/SEI 膜组分结构等)。电化学原位拉曼光谱法的测量装置主要包括拉曼光谱仪和原位电化学拉曼池两个部分。其测试原理与常规拉曼光谱测试一致，区别在于研究者为了实时观察样品的光谱变化，增加了原位电化学拉曼池装置。该装置主要由壳体、多孔集流体、正极活性材料(如锂电池三元正极等)、隔膜(如聚乙烯等)、负极材料(如锂片等)、电解质(溶液)、垫片、弹片等构成(图 5-16)。由于需要为激光到达电极创建一条光通路，通常需要在原位电池外壳体中开个口并用薄玻璃进行密封。为了使激光到达电极表面，可以采用两种配置：一种采用在外壳开口附近穿孔的顶部集流体，或网格尺寸小于激光束直径一个数量级的集电网格；另一种则是所采用的集流体、锂箔和隔膜均带有一定尺寸的孔，以露出电池底部的另一个电极。然而，在第二种配置中，由于隔膜穿孔，被观测的电极区域可能没有达到最佳离子连接。另外，在第一种配置中，玻璃靠近所需研究的电极，因而可以将激光路径中的液态电解质量保持在最小值以限制其对光的散射。

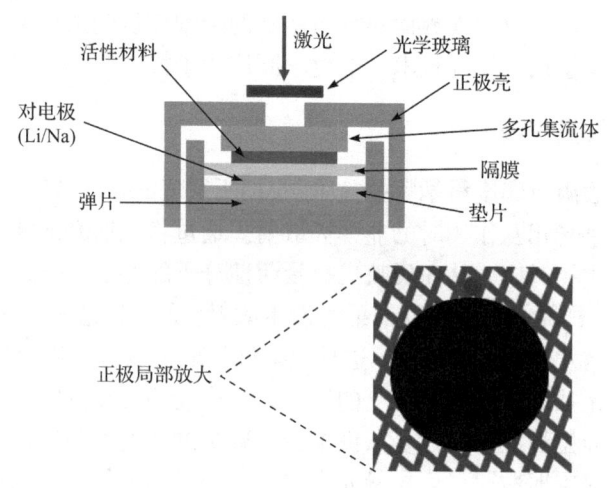

图 5-16 原位电化学拉曼池示意图

近年来，原位拉曼光谱技术不断发展，使其被广泛应用于能源电化学界面性质及反应机理的分析研究，如锂二次电池正、负极界面膜(CEI/SEI 膜)在充放电循环过程中的功能组分演变规律研究，以及电催化反应界面活性和反应速率研究等，为探究界面反应机理提供了有效的手段，并为功能化、高稳定性、高机械强度的电极/溶液(电解质)界面膜的构建提供理论依据，从而助力电化学储能器件性能的提升。

5.6.2 电化学原位扫描探针技术

在电化学界面，电催化过程通常包括电子转移、吸附和脱附、静电相互作用、溶剂化及去溶剂化等多步过程，深入理解电极/电解质(溶液)界面反应机理极具挑战性。对纳米结构电化学界面(电极)处电催化过程的深入理解十分有助于阐明电催化反应机理和设计高性能电极、电解质、电催化剂材料。电催化活性通常与电催化剂表面局域化的活性位点密切有关。在反应条件下，电催化反应过程的研究极大依赖于高分辨表征技术。经典的宏观电化学表征方法仅可以提供不同界面位点的平均信息，很难分辨一些特殊结构位点(如缺陷、晶界、边缘位点)的相关重要电化学信息。原位电化学扫描探针显微镜技术,包括电化学扫描隧道显微镜(EC-STM)、电化学原子力显微镜(EC-AFM)、扫描电化学显微镜(SECM)及扫描电化学池显微镜(SECCM)等,能够在纳米及原子尺度研究电催化反应过程,弥补了宏观表征方法的不足,为探究电化学界面构效关系和解析电催化反应机理提供有效途径。其中,EC-AFM能够原位表征电催化过程中的纳米尺度表面结构演变及吸附/脱附过程。本节主要介绍EC-AFM的工作原理及其用于能源电化学界面研究,如锂离子电池SEI膜性质研究。

EC-AFM的基本工作原理主要是,将一个对微弱力极其敏感的微悬臂的一端固定,另一端有一微小的针尖与电极表面轻微接触,由于针尖尖端原子与样品表面原子间存在极其微弱的排斥力,通过在扫描时控制这种力的恒定,使得带有针尖的微悬臂随着针尖与样品表面原子间作用力的等位面在垂直于样品的表面方向发生起伏运动。利用光学检测法或隧道电流检测法,可以测出微悬臂对应于扫描各点的位置变化,从而获取样品表面形貌的信息。原位AFM采用类似于原位拉曼光谱技术中用到的原位电化学拉曼池,可以有效地研究锂离子电池负极表面SEI膜的微观结构,从而针对性地对SEI膜的形貌结构、力学性质等进行优化设计。原位AFM可以在开放的环境中进行,但必须充满惰性气体对电极/电解质界面进行保护。并且,需要从电池顶部打开通道,以便AFM探针进入电池内部工作电极,但这个过程需尽快完成以免电解质蒸发,造成结果偏差。

锂金属负极具有最负的电极电势和最高的理论比容量,是锂电池发展的终极负极材料。但其表面SEI膜在液态电解质中极不稳定,导致以锂金属作为负极的锂金属电池库仑效率低、循环寿命短,且存在严重的安全隐患。为此,研究人员采用原位AFM研究了不同SEI膜改性方案对锂负极性能的影响,发现锂金属负极表面枝晶的形成原因之一是锂原子之间的结合力较弱,可以通过设计均匀分布且具有较高力学强度的SEI膜来诱导锂均匀沉积并抑制锂枝晶的形成和生长。另外,研究人员还采用原位AFM研究了功能化添加剂的引入对SEI膜形貌结构的影响,发现氟代碳酸乙烯酯添加剂能够促使均匀致密的SEI膜在锂负极表面形成,从而抑制锂枝晶的形成。

在锂离子电池中,稳定的SEI膜是电池循环寿命的前提条件之一。电解液组分直接影响SEI膜的组成,并最终影响电池的自放电、循环稳定性和安全性。为了研究SEI膜和负极表面结构及化学组分在循环过程中的演变规律,研究人员使用原位AFM对高定向热解石墨负极(HOPG)的SEI膜的形态结构变化进行了研究,发现SEI膜由分解的电解质顶层和嵌入的溶剂化锂底层构成。当锂离子嵌入时,底层的起伏变化导致SEI膜顶层剥离,而溶剂化锂离子的相互作用则更多发生在HOPG边缘,因为石墨烯层间键比石墨烯层中的共价键更容易被抑制。另外,研究人员利用原位AFM研究在首次充放电循环过程中单晶硅片负极界面膜的形貌结构变化,发现SEI膜从1.5V开始初步形成,然后在1.25~1.0V快速生长,0.6V左右生长缓慢。初始SEI膜具有层状结构的特征,表层薄膜较软,下层呈颗粒状,机械稳定性好。经过首次循环后,硅负极表面被厚度不均一的SEI膜覆盖。

近年来,随着电化学原位扫描探针技术的快速发展和进步,其在能源电化学界面表征分析方面的研究与应用日益广泛，对循环过程中的锂二次电池、电催化电极/电解质界面(CEI/SEI)膜形貌特征和结构演变趋势和规律有了更为直观、实时的检测分析，这将极大地促进能源电化学界面反应机理研究和功能化电极/溶液(电解质)界面膜的构建。

5.6.3 电化学原位中子技术

除了上述新兴的原位拉曼光谱和原位电化学扫描探针技术被广泛用于研究能源电化学界面性质以外，电化学原位中子技术，如原位中子反射、原位中子衍射、原位中子深度剖面技术等也逐步应用到电化学界面的研究工作中。其中，中子反射技术是一种测量薄膜结构的衍射技术，为定量研究纳米尺度上的分层体系中硅和锂之间的合金形成提供了一种无损分析方法。中子反射对散射长度密度(SLD)随深度的微小变化非常敏感，因此，其比较适合于监测硅电极和硅板中进入的锂的精确晶体取向。

在原位中子反射测量中，波长为λ的准直中子束以一定角度入射到硅电极和液态电解质的平面界面上。对于应用的镜面反射条件，入射角θ等于出射角。动量转移：

$$Q_z = 4\pi \sin\theta / \lambda \tag{5-50}$$

动量转移在入射光速(主光速)和出射(反射)光束之间，垂直于界面。反射光和主光束强度的比值$R = I_r / I_0$定义了界面的发射率，并记录为Q_z的函数。对于足够大的角度而言，它与穿过界面的SLD分布相联系：

$$R(Q_z) = R_F(Q_z) \left| \frac{1}{SLD_\infty} \int_{dz}^{dLSD(z)} \exp(iQ_z) dz \right| \tag{5-51}$$

式中，R_F是理想界面的菲涅耳反射率，它按Q_z^{-4}缩放；SLD_∞是整体电解质溶液的SLD。$SLD = \sum ib_i / V$由材料的原子组成定义，b_i是组分i的中子散射长度，V是分子体积。对于不同SLD的分层系统，相应的反射率曲线偏离简单的Q_z^{-4}衰变，并显示明显的条纹(Kiessing振荡)。这些振荡的振幅是各个层的SLD差的函数，振荡的间隔ΔQ_z是厚度d的直接测量值，其中$d = 2\pi / \Delta Q_z$。

研究人员利用原位中子反射测量技术来分析晶体硅的锂化过程，从而根据结构设计制备性能优异的硅电极或硅/锂合金。此外，研究人员还可以利用原位中子反射测量技术来观察SEI膜顶部的锂枝晶层及其粗糙度，这样一来，就可以直观地对锂金属负极表面SEI膜的形貌结构进行实时的观察分析，并以此为依据进行相应的优化设计以提升SEI膜的结构稳定性和功能特性。

5.6.4 其他电化学原位技术

除了上述原位表征技术手段以外，近年来新兴发展起来的其他电化学原位技术，如电化学原位X射线技术、电化学原位核磁共振技术、电化学原位光学技术、电化学原位电子分析技术等也逐渐应用到能源电化学界面反应机理和界面结构组分演变规律的研究中，为下一代高性能电化学储能器件的研究开发提供了有力的先进技术保障。

习 题

1. 简述双电层的形成过程和主要分类。
2. 双电层结构模型主要有哪几类？其发展历程如何？
3. GCS 模型与亥姆霍兹模型的区别和联系主要体现有哪些？
4. 简述特性吸附的本质和分类。
5. 某种物质 X 的吸附遵循 Langmuir 等温式。物质的饱和覆盖度为 $8\times10^{-10}\,\text{mol/cm}^2$，$\beta = 5\times10^7\,\text{cm}^3/\text{mol}$ (假设 $a_i = c_i$)。物质 X 浓度为多少时电极表面覆盖度为一半(即 $\theta = 0.5$)？画出该物质吸附等温线示意图。X 浓度为多少时线性等温式准确率接近 1%？
6. 简述 SEI 膜的形成机理及其组成、结构和对电池性能的影响作用。
7. 列举能源电化学界面表征的几种新型原位测试技术及其主要原理。

第6章 能源电化学传荷动力学

在电化学领域，传荷通常指的是电荷传递过程，它是电化学反应中的核心环节。而传荷动力学则是指研究电荷传递速率和机理的科学。在能源电化学系统中，电荷传递过程是实现能量转换的关键步骤，如电池中的放电和充电过程就涉及电荷在电极与电解质之间的传递。查全性院士作为中国著名的电化学家，他的研究工作与能源电化学传荷动力学有着紧密的联系。他在电极过程动力学方面取得了显著成就，对电荷传递过程的速率和机理有深入的理解。他所总结出的规律对选择电镀添加剂和电池缓蚀剂具有一定的指导意义，同时也为能源电化学传荷动力学的研究提供了重要的理论基础。他编著的《电极过程动力学导论》被公认为我国电化学界影响最广泛的学术著作。

为了精确地描述界面电荷转移动力学，需要确立与电势相关的速率常数。本章的目标是建立这样的理论，它能够定量地解释所观察到的电极动力学行为与电势和浓度的关系。一旦建立了这样的理论，它将有助于理解新情况下的动力学效应。首先，简要地回顾均相动力学的某些概念，因为这些概念既可提供熟悉的起始依据，又可提供通过类推方法建立电化学动力学理论的基础。

6.1 电极电势对电子转移步骤反应速率的影响

6.1.1 动态平衡

假设两种物质 A 和 B 之间进行简单的单分子基元反应

$$A \underset{k_b}{\overset{k_f}{\rightleftharpoons}} B \tag{6-1}$$

两个基元反应始终都在进行，正反应的速率 v_f [mol/(L·s)]为

$$v_f = k_f c_A \tag{6-2}$$

而逆反应的速率是

$$v_b = k_b c_B \tag{6-3}$$

速率常数 k_f 和 k_b 的量纲是 s^{-1}，很容易证明它们分别是 A 和 B 平均寿命的倒数。

从 A 转换成 B 的净速率是

$$v_{net} = k_f c_A - k_b c_B \tag{6-4}$$

在平衡时净转化速率为零，所以

$$\frac{k_f}{k_b} = K = \frac{c_B}{c_A} \tag{6-5}$$

因此在体系达到平衡时，动力学理论和热力学一样，可预测出恒定的浓度比值。

任何动力学理论都要求这种一致性。在平衡的极限处，动力学公式必须转变成热力学形式的关系式，否则动力学的描述就不准确。动力学描述了贯穿整个体系的物质流动的变化情况，包括平衡状态的达到和平衡状态的动态保持这两个方面。热力学仅描述平衡态，除非动力学的观点和热力学的观点对于平衡态性质的描述是一致的，否则对一个体系的理解仅处在较浅显的水平。

另外，热力学不能提供保持平衡态所需机理的信息，而动力学可以定量地描述复杂的平衡过程。在上述例子中，平衡时从 A 转化为 B 的速率(反之亦然)并非为零，而是相等的，有时将它们称为反应的交换速率 v_0：

$$v_0 = k_f(c_A)_{eq} = k_b(c_B)_{eq} \tag{6-6}$$

将在下面看到交换速率思想在处理电极动力学方面发挥重要作用。

6.1.2 阿伦尼乌斯公式和势能面

实验事实表明，在溶液相中的大多数反应，其速率常数随温度变化有一共同的模式，即 $\ln k$ 与 $1/T$ 几乎都呈线性关系。阿伦尼乌斯首先认识到这种行为的普遍性，提出速率常数可表达为

$$k = Ae^{-E_A/RT} \tag{6-7}$$

式中，E_A 具有能量的单位。由于指数因子暗示着利用热能去克服一个高度为 E_A 的能垒的可能性，所以此参数被称为活化能(activation energy)。如果指数项表述克服能垒的可能性，那么 A 必须与达到此可能性的频率有关，这样 A 一般称为频率因子(frequency factor)。通常，这些思想是过分简化了，但它们反映了事实的本质，并且对于人们在头脑中建立起一个反应途径的概念是有益的。

活化能的概念可导出势能沿着反应坐标(reaction coordinate)变化的反应途径。图 6-1 给出了一个例子。对于一个简单的单分子过程，如 1,2-二苯乙烯的顺-反异构化，反应坐标可能是一个很容易识别的分子参数，即此分子中沿着中心双键扭曲的角度。一般地讲，反应坐标是指在一个多维曲面上过程优先发生的途径，该曲面描述的是体系中所有独立位置坐标上的势能函数。该表面的一个区域相应于我们称为"反应物"的构型，另一个区域相应于"产物"的构型。两者必须占据势能面的最低处，因为它们是仅有的具有长寿命的排列。虽然其他的构型是可能的，但它们必须在较高的能量处，缺乏稳定构型所需的最低能量。随着反应的进行，坐标从反应物变化到产物。由于沿着反应坐标的途径连接两个最低点，它必须先升高，通过一个最高点，然后再降低到产物区。经常将谷底到最高点的高度作为活化能，$E_{A,f}$ 和 $E_{A,b}$ 分别对应于正向和逆向的反应。

采用另一种符号，可将 E_A 理解为从一个最低

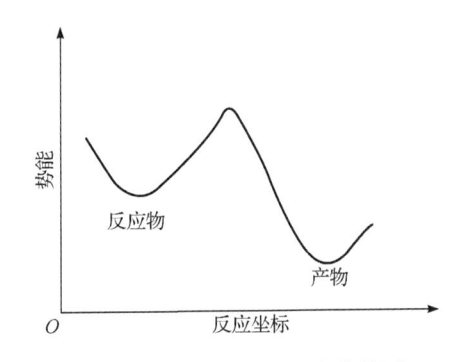

图 6-1 反应过程中势能变化简图

点到最高点的标准内能的变化,也可指定它作为标准活化内能,$\Delta E^{\neq}$。标准活化焓 $\Delta H^{\neq}$ 将是 $\Delta E^{\neq}+\Delta(PV)^{\neq}$,但 $\Delta(PV)^{\neq}$ 通常在一个凝聚相反应中可忽略不计,这样 $\Delta H^{\neq} \approx \Delta E^{\neq}$。阿伦尼乌斯公式可重写为

$$k = Ae^{-\Delta H^{\neq}/RT} \tag{6-8}$$

因为在指数项中引入了一个无量纲常数——标准活化熵 $\Delta S^{\neq}$,也可将系数 A 写作 $A'\exp(\Delta S^{\neq}/R)$。这样,

$$k = A'e^{-(\Delta H^{\neq} - T\Delta S^{\neq})RT} \tag{6-9}$$

或

$$k = A'e^{-\Delta G^{\neq}/RT} \tag{6-10}$$

这里 $\Delta G^{\neq}$ 是标准活化自由能(standard free energy of activation)。此式与式(6-8)一样,是阿伦尼乌斯公式(6-7)的等价陈述,式(6-7)本身是一个对事实的经验式的总结。式(6-8)和式(6-10)是从式(6-7)导出的,仅仅阐述了经验常数 E_A。到目前为止,还没有阐述任何特定的动力学理论。

6.1.3 过渡态理论

已经发展了多个动力学理论以阐释控制反应速率的因素,这些理论的主要目的是根据特定的化学体系从定量的分子性质来预测 A 和 E_A 的值。对于电极动力学被采用的一个重要的通用理论过渡态理论(transition state theory),也称绝对速率理论(absolute rate theory)或活化配合物理论(activated complex theory)。

此方法的中心思想是反应通过一个相当明确的过渡态或活化配合物来进行的,如图 6-2 所示。从反应物到活化配合物的标准自由能的变化为 $\Delta G_f^{\neq}$,而从产物到活化配合物的标准自由能的变化为 $\Delta G_b^{\neq}$。

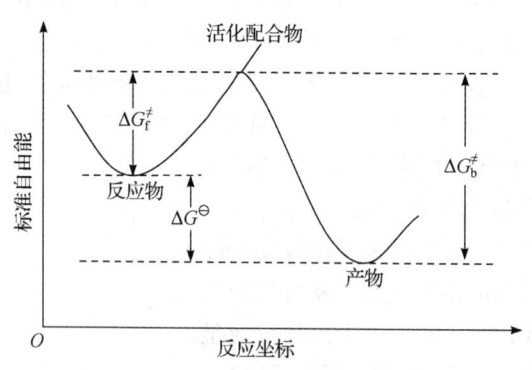

图 6-2 反应过程中自由能变化
活化配合物(或过渡态)是具有最大自由能的构型

先考虑式(6-1)所示的体系,A 和 B 两种物质通过单分子反应联系起来。首先集中考虑一个特定的条件,整个体系(A、B 以及所有其他的构型)均在热平衡下。对于此情况,

活化配合物的浓度可根据由任意一个平衡常数导出的标准活化自由能计算出来：

$$\frac{[配合物]}{[A]} = \frac{\gamma_A / c^\ominus}{\gamma_{\neq} / c^\ominus} K_f = \frac{\gamma_A}{\gamma_{\neq}} \exp\left(-\Delta G_f^{\neq} / RT\right) \tag{6-11}$$

$$\frac{[配合物]}{[B]} = \frac{\gamma_A}{\gamma_{\neq}} K_b = \frac{\gamma_b}{\gamma_{\neq}} \exp\left(-\Delta G_b^{\neq} / RT\right) \tag{6-12}$$

式中，$c^\ominus$ 为标准状态的浓度；γ_A、γ_b 和 $\gamma_{\neq}$ 分别为无量纲的活度系数。通常假设该体系是理想的体系，这样活度系数趋于 1 并可从式(6-11)和式(6-12)中消去。

活化配合物以一个组合的速率常数 k' 衰减为 A 或 B，它们可被分为四个部分：①由 A 产生再回到 A，f_{AA}；②由 A 产生衰减到 B，f_{AB}；③由 B 再衰减到 A，f_{BA}；④由 B 再回到 A，f_{BA}。这样由 A 转化到 B 的速率是

$$k_f[A] = f_{AB} k'[活化配合物] \tag{6-13}$$

由 B 转化到 A 的速率是

$$k_b[B] = f_{BA} k'[活化配合物] \tag{6-14}$$

既然在平衡时 $k_f[A] = k_b[B]$，f_{AB} 和 f_{BA} 必须相等。在此理论最简化的形式下，两者可看作 1/2，这种假设暗示 $f_{AA} = f_{BB} \approx 0$，这样，活化配合物并不被认为回到原始状态。事实上，任何达到活化构型的体系，都以单位效率转变成与原始状态相对的产物。在一个更加灵活的方式中，f_{AB} 和 f_{BA} 可等于 $\kappa/2$，这里 κ 为传输系数(transmission coefficient)，其值为 0~1。

分别将从式(6-11)和式(6-12)中得到的活化配合物浓度代入式(6-13)和式(6-14)中，可得到速率常数为

$$k_f = \frac{\kappa k'}{2} e^{-G_f^{\neq}/RT} \tag{6-15}$$

$$k_b = \frac{\kappa k'}{2} e^{-G_b^{\neq}/RT} \tag{6-16}$$

统计力学可用于预测 $\frac{\kappa k'}{2}$ 值。通常，此值依赖于在活化配合物区域中势能面的形状，对于简单的情况，k' 可被看作 $2\frac{k_b T}{h}$，其中 k_b 和 h 分别是玻尔兹曼常量和普朗克(Planck)常量。这样两者的速率常数均可表示为

$$k = \kappa \frac{\Delta T}{h} e^{-\Delta G^{\neq}/RT} \tag{6-17}$$

这是采用过渡态理论计算速率常数最常见的公式。

为了得到式(6-17)，仅需考虑一个处在平衡时的体系。如下的事实很重要，即一个基元过程的速率常数在给定的温度和压力下是一定的，而与反应物和产物的浓度无关。式(6-17)是一个通用的表达式。如果它适用于平衡态，它应该也适用于非平衡状态。平衡的假设虽在推导过程中有用，但并不限定该公式的应用范围。

6.1.4 电极反应的本质

在上面注意到,任何动态过程的精确动力学图像在平衡极限下必须产生一个热力学形式的方程。对于一个电极反应,平衡是由能斯特公式来表征的,它将电极电势与反应物种的本体浓度联系起来。对于一般的情况:

$$O + ne^- \underset{k_b}{\overset{k_f}{\rightleftharpoons}} R \tag{6-18}$$

该能斯特公式为

$$E = E^\ominus + \frac{RT}{nF}\ln\frac{c_O^*}{c_R^*} \tag{6-19}$$

式中,c_O^* 和 c_R^* 为本体浓度;$E^\ominus$ 为表观电势。任何正确的电极动力学理论必须在相应的条件下预测出此结果。同时要求该理论能够解释在各种环境下所观察到的电流与电势的依赖关系。电流经常全部或部分是由电反应物传输到电极表面的速率决定的。这种限制不影响界面动力学理论。对于低电流和有效搅拌的情况,物质传递并不是决定电流的因素。事实上,它是由界面动力学控制的。早期对于这种体系的研究表明电流通常与超电势之间存在指数关系,即

$$i = a'e^{nb'} \tag{6-20}$$

或者如塔费尔在1905年所给出的那样,

$$\eta = a + b\lg j \tag{6-21}$$

一个成功的电极动力学的模型必须解释式(6-21)的正确性,此式被称为塔费尔公式。

开始考虑反应(6-18),如式所示其有正向和逆向的反应途径。正向的反应以速率 v_f 进行,它必须与 O 的表面浓度成正比。将距离表面 x 处和在时间 t 时的浓度表达为 $c_O(0,t)$,因此表面浓度为 $c_O(0,t)$。联系正向反应的速率和 $c_O(0,t)$ 的正比常数是速率常数 k_f。

$$v_f = k_f c_O(0,t) = \frac{i_c}{nFA} \tag{6-22}$$

由于正向反应是一个还原反应,应有正比于 v_f 的阴极电流 i_c。同理,对于逆向反应,有

$$v_B = k_b c_R(0,t) = \frac{i_a}{nFA} \tag{6-23}$$

这里 i_a 是总体电流中的阳极部分。这样,净反应速率为

$$v_{net} = v_f - v_b = k_f c_O(0,t) - k_b c_R(0,t) = \frac{i}{nFA} \tag{6-24}$$

对于整个反应有

$$i = i_c - i_a = nFA[k_f c_O(0,t) - k_b c_R(0,t)] \tag{6-25}$$

应注意到异相反应的描述方法与均相是不同的。例如,相体系的反应速率与单位界面面积有关,因此它们有 mol/(s·cm²)这样的单位。如果浓度的单位是 mol/cm³,那么异

相速率常数的单位是 cm/s。由于界面仅受它所直接接触的环境的影响，在速率表达式中的浓度总是表面浓度，它可能与本体浓度不同。

6.1.5 电势对能垒的影响

反应在势能面上沿着反应坐标从反应物构型到产物构型变化的进程可用图表示出来。这种思想也适用于电极反应，但其能量面的形状与电极电势有关。

通过考虑下列反应可以容易地看到此影响

$$\text{Na}^+ + \text{e}^- \xrightarrow{\text{Hg}} \text{Na(Hg)} \tag{6-26}$$

这里 Na^+ 溶解在乙腈或二甲基甲酰胺溶液中。以钠核到界面的距离为反应坐标，这样自由能沿着反应坐标的剖面图如图 6-3(a)所示。右边是 $\text{Na}^+ + \text{e}^-$，此构型的能量与核在溶液中的位置无关，除非电极非常接近离子使其部分或全部去溶剂化。左边的构型相当于钠原子溶解在汞中。在汞相中，能量仅与位置稍有关联，但如果钠原子离开汞液内部，随着有利的汞-钠相互作用的失去，其能量将上升。相应于这些反应物和产物构型的曲线在过渡态处交叉，氧化和还原的能垒的高度决定它们相对的速率。如图 6-3(a)所示，当两者速率相等时，体系处于平衡态，电势是 E_eq。

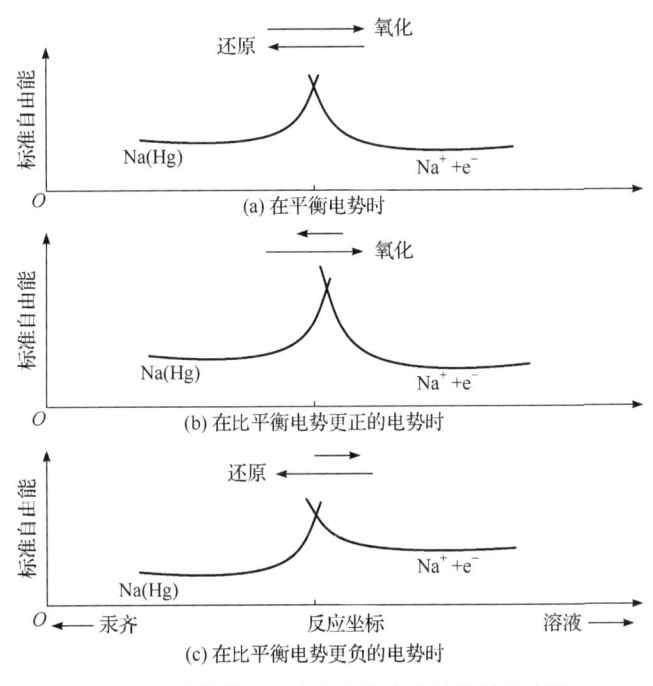

图 6-3 法拉第过程中自由能变化的简单示意图

现在假设电势向正方向移动。主要的影响是降低"反应物"电子的能量，因此与 $\text{Na}^+ + \text{e}^-$ 有关的曲线相对于 Na(Hg)降低，此情况如图 6-3(b)所示；由于还原的能垒升高，氧化的能垒降低，净转变是由 Na(Hg)到 $\text{Na}^+ + \text{e}^-$。将电势移到较 E_eq 更负的值，电子的能量升高，如图 6-3(c)所示，对应于 $\text{Na}^+ + \text{e}^-$ 的曲线将移到较高的能量处；由于还原的能垒降低，氧化的能垒升高，相对于在 E_{eq} 的条件，有一净阴极电流流过。这些讨论定性地显示电势影响电极反应的净速率和方向的过程。通过对此模型更详细的考虑，可以建立一个定量关系。

6.1.6 单步骤电子过程

现在考虑可能的最简单的电极过程，在此 O 和 R 仅参与界面上的单电子转移反应，而没有其他任何化学步骤

$$O + ne^- \underset{k_b}{\overset{k_f}{\rightleftharpoons}} R \tag{6-27}$$

还假设标准自由能沿着反应坐标的剖面图具有抛物线形状，如图 6-4 所示。图 6-4(a)画出了从反应物到产物的全路径，图 6-4(b)是在过渡态附近区域的放大图。至于这些剖面图的形状的细节知道与否对于此处的讨论并不重要。

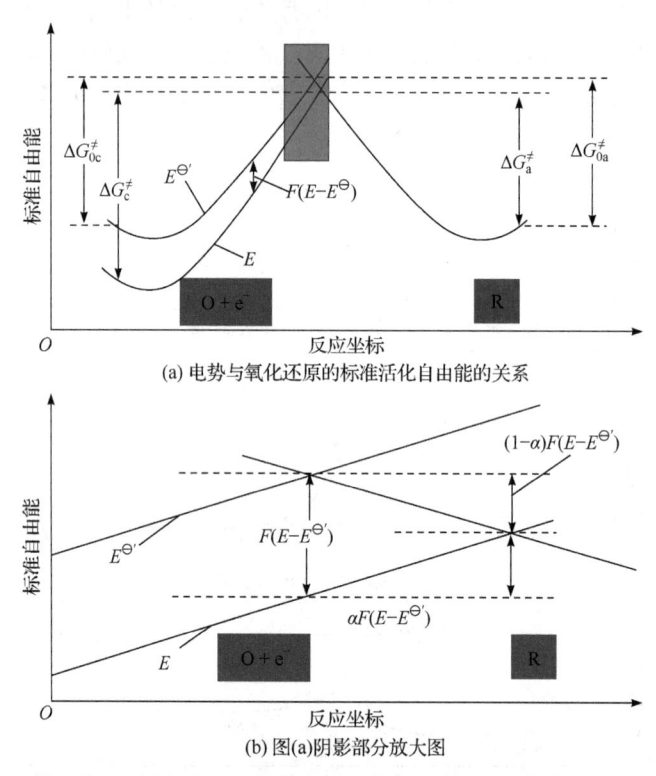

图 6-4 电势的变化对氧化和还原的标准活化自由能的影响

在发展一种电极动力学理论时，可以很方便地选择体系中有重要化学意义的某点作为电势的参考点，而不是一个绝对的外参比如 SCE。有两个自然的参考点，即体系的平衡电势和在所考虑条件下的电对的标准(形式)电势。实际上在上节的讨论中曾采用平衡电势作为参考点，在本节中将再次采用它。然而，仅在电对的两种物质均存在和平衡可定义时，才能够这样做。更加通用的参考点是 $E^{\ominus\prime}$。假设当电极电势等于 $E^{\ominus\prime}$ 时，图 6-4 的上部曲线适用于 $O + e^-$。这样，阴极和阳极的活化能分别是 $\Delta G_{0c}^{\neq}$ 和 $\Delta G_{0a}^{\neq}$。

如果电势变化由 ΔE 到一个新值 E，在电极上的电子的相对能量变化为 $-F(E-E^{\ominus'})$；因此 $O+e^-$ 的曲线将上移或下移这一数值。图6-4的左边的下部曲线显示了一个正 ΔE 的影响情况。显然氧化的能垒值 $\Delta G_a^{\neq}$ 较 $\Delta G_{0a}^{\neq}$ 比总能量变化小一个分数。把此分数称为 $1-\alpha$，这里 α 称为传递系数(transfer coefficient)，其值为0～1，与交叉区域形状有关。所以

$$\Delta G_a^{\neq} = \Delta G_{0a}^{\neq} - (1-\alpha)F(E-E^{\ominus'}) \tag{6-28}$$

此图也揭示在电势 E 处的阴极能垒 $\Delta G_c^{\neq}$：应较 $\Delta G_{0c}^{\neq}$ 高出 $\alpha F(E-E^{\ominus'})$，因此

$$\Delta G_c^{\neq} = \Delta G_{0c}^{\neq} + \alpha F(E-E^{\ominus'}) \tag{6-29}$$

现在假设速率常数 k_f 和 k_b 有阿伦尼乌斯的形式，可表示为

$$k_f = A_f \exp(-\Delta G_{0c}^{\neq}/RT) \tag{6-30}$$

$$k_b = A_b \exp(-\Delta G_{0a}^{\neq}/RT) \tag{6-31}$$

将式(6-28)和式(6-29)所表示的活化能代入，得到

$$k_f = A_f \exp(-\Delta G_{0c}^{\neq}/RT)\exp[-\alpha f(E-E^{\ominus'})] \tag{6-32}$$

$$k_b = A_b \exp(-\Delta G_{0a}^{\neq}/RT)\exp[(1-\alpha)f(E-E^{\ominus'})] \tag{6-33}$$

这里 $f=F/RT$。在每个表达式中的前两项产生一个与电势无关的积，等于在 $E=E^{\ominus'}$ 时的速率常数。

现在考察一个特殊的情况，界面处于平衡状态，溶液中 $c_O^*=c_R^*$。在此情况下，$E=E^{\ominus'}$，$k_f c_O^* = k_b c_R^*$，所以 $k_f=k_b$。这样，E'是处于正向和逆向速率常数相等时的电势。该处的速率常数称为标准速率常数 k^0 (standard rate constant)。在其他电势值的速率常数可简单地通过 k^0 表示：

$$k_f = k^0 \exp[-\alpha f(E-E^{\ominus'})] \tag{6-34}$$

$$k_b = k^0 \exp[(1-\alpha)f(E-E^{\ominus'})] \tag{6-35}$$

将这些关系式代入式(6-25)可得到完全的电流-电势特征关系式：

$$i = FAk^0\left[c_O(0,t)e^{-\alpha f(E-E^{\ominus'})} - c_R(0,t)e^{(1-\alpha)f(E-E^{\ominus'})}\right] \tag{6-36}$$

6.2 电子转移步骤的基本动力学参数

6.2.1 交换电流密度

在平衡时净电流为零，电极电势与 O 和 R 的本体浓度的关系遵守能斯特公式。现在

看一看该动力学模型能否得出一个热力学的特定关系。在电流为零时，对于式(6-36)，有

$$FAk^0c_O(0,t)e^{-\alpha f\left(E_{eq}-E^{\ominus'}\right)} = FAk^0c_R(0,t)e^{(1-\alpha)f\left(E_{eq}-E^{\ominus'}\right)} \quad (6\text{-}37)$$

由于是在平衡态，O 和 R 的本体浓度与表面浓度相等，所以

$$e^{f\left(E_{eq}-E^{\ominus'}\right)} = \frac{c_O^*}{c_R^*} \quad (6\text{-}38)$$

它是如下能斯特公式的指数表达形式：

$$E_{eq} = E^{\ominus'} + \frac{RT}{F}\ln\frac{c_O^*}{c_R^*} \quad (6\text{-}39)$$

这样，动力学理论通过了其与现实适用性的第一次测试。

即使在平衡时净电流为零，仍能够想象其平衡的法拉第活性，它可通过交换电流 i_0 (exchange current)表示，其大小等于 i_c 或 i_a，即

$$i_0 = FAk^0c_O^*e^{-\alpha f/\left(E_{eq}-E^{\ominus'}\right)} \quad (6\text{-}40)$$

将式(6-38)两边同时乘 $-\alpha$ 幂次方，得到

$$e^{-\alpha f/\left(E_{eq}-E^{\ominus'}\right)} = \left(\frac{c_O^*}{c_R^*}\right)^{-\alpha} \quad (6\text{-}41)$$

将式(6-41)代入式(6-40)，给出

$$i_0 = FAk^0c_O^{*(1-\alpha)}c_R^{*\alpha} \quad (6\text{-}42)$$

因而交换电流与 k^0 成正比，在动力学公式中经常可用交换电流代替。对于 C=C—C 的特定情况

$$i_0 = FAk^0c \quad (6\text{-}43)$$

交换电流经常被标准化为单位面积上的电流，从而得到交换电流密度(exchange current density)，$j_0 = i_0/A$。

6.2.2 传递系数

传递系数也称对称因子，传递系数 α 是能垒的对称性的度量。这种想法可通过考察如图 6-5 所示的交叉区域的几何图形而加强。如果曲线在交叉区域是线性的，其角度 θ 和 ϕ 可定义为

$$\tan\theta = \alpha FE/x \quad (6\text{-}44)$$
$$\tan\phi = (1-\alpha)FE/x \quad (6\text{-}45)$$

因此

$$\alpha = \frac{\tan\theta}{\tan\phi + \tan\theta} \quad (6\text{-}46)$$

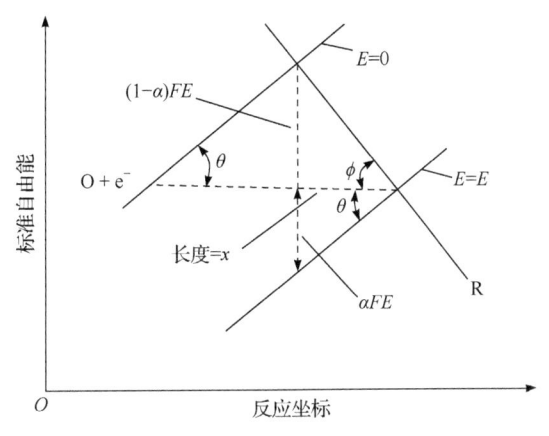

图 6-5 传递系数与自由能曲线相交角的关系

如果是交叉对称的，则 $\theta = \phi$，且 $\alpha = 1/2$。对于其他情况，$0 \leq \alpha < 1/2$ 或 $1/2 < \alpha < 1$ 则如图 6-6 所示。对于大多数体系，α 值在 0.3～0.7 之间，在没有确切的测量时通常将之近似为 0.5。

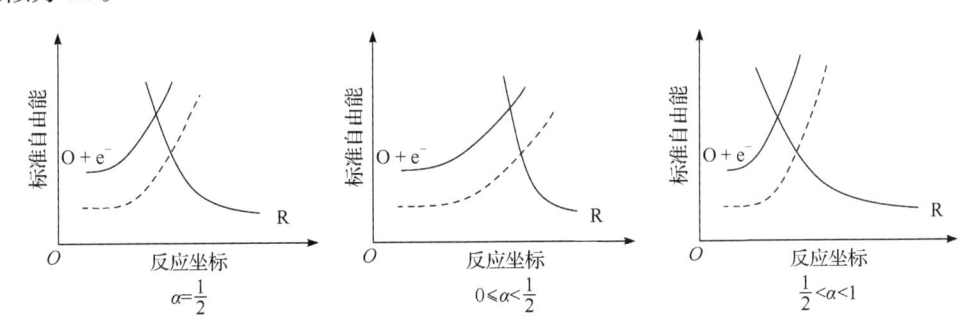

图 6-6 传递系数对能垒的对称性的度量
虚线表示反应前状态

自由能曲线不大可能在反应坐标大范围内保持线性，因而当反应物与产物的势能曲线的交叉区域随电势移动时，θ 和 ϕ 会发生变化。因此，α 一般认为是与电势相关的因子。然而，在大多数实验中，α 是恒定的，因为可以得到动力学数据的电势范围相当窄。在一个典型的化学体系中，活化自由能的范围只有几电子伏特，但可测量动力学的整个范围相应活化能的变化仅为 50～200meV，或总活化能的百分之几。这样，交叉点仅在很小的区域变化，例如图 6-4 所标示的矩形区域，剖面图的弯曲部分很难看清。因为电子转移的速率常数随电势呈指数变化，在大多数体系中动力学可操作的电势范围是很窄的。当外加电势偏离一个可检测的电流产生的电势不大时，物质传递变成了决速步骤，电子转移动力学不再是控制步骤。这些论点在本书的后面部分有更加详尽的探讨。在一些体系中，物质传递不是问题，动力学可在很宽的范围内进行测量。在引入表面键合电活性物质的情况下，α 随电势有很大的变化。

6.2.3 电极反应速率常数

k^0 的物理阐释是很直观的,它可以简单地理解为氧化还原电对对动力学难易程度的量度。一个具有较大值的体系将在较短的时间内达到平衡,而值较小的体系达到平衡将很慢。最大可测量的标准速率常数在 1~10cm/s 范围内,它们与特定的简单电子转移过程有关。例如,对于许多芳香族碳氢化合物(如取代的蒽、芘和苊)的氧化还原成相应的阴或阳离子自由基的标准速率常数在此范围。这些过程仅涉及电子转移和去溶剂化,分子形式没有大的变化。与此类似,一些涉及形成汞齐的电极过程[如 $Na^+/Na(Hg)$、$Cd^{2+}/Cd(Hg)$ 和 Hg_2^{2+}/Hg]相当快。涉及与电子转移相关的分子重排的复杂反应,如将分子氧还原成过氧化氢或水,或将质子还原成分子氢,可能会很慢。已有报道 k^0 值较 10^{-9}cm/s 还要小,因此电化学涉及十个数量级的动力学反应活性。

应注意到即使 k^0 值小,当施加相对于 $E^{\ominus\prime}$ 足够大的超电势时,k_f 和 k_b 能够相当大。实际上,可通过电的方法改变活化能以驱动反应发生。

6.3 稳态能源电化学极化规律

6.3.1 Butler-Volmer 方程

式(6-36)非常重要,它或通过它所导出的关系式可用于处理几乎每一个需要解释的异相动力学问题。这些结果和由此所得出的推论通称巴特勒-福尔默(Butler-Volmer)动力学公式。

采用基于电化学势的另外一种方法,也可以推导出 Butler-Volmer 动力学表达式。这种方法对于更加复杂的情况较为方便,如需要考虑双电层影响或者具有连续反应机理的情况。

采用 i_0 而不是 k^0 的优点是电流可以通过偏离平衡电势即超电势 η,而不是形式电势 $E^{\ominus\prime}$ 来表述。用式(6-36)除以式(6-42)得到

$$\frac{i}{i_0} = \frac{c_O(0,t)e^{-\alpha f(E-E^{\ominus\prime})}}{c_O^{*(1-\alpha)}c_R^{*\alpha}} - \frac{c_R(0,t)e^{(1-\alpha)f(E-E^{\ominus\prime})}}{c_O^{*(1-\alpha)}c_R^{*\alpha}} \qquad (6\text{-}47)$$

或

$$\frac{i}{i_0} = \frac{c_O(0,t)}{c_O^*}e^{-\alpha f(E-E^{\ominus\prime})}\left(\frac{c_O^*}{c_R^*}\right)^{\alpha} - \frac{c_R(0,t)}{c_R^*}e^{(1-\alpha)f(E-E^{\ominus\prime})}\left(\frac{c_O^*}{c_R^*}\right)^{-(1-\alpha)} \qquad (6\text{-}48)$$

(c_O^*/c_R^*) 和 $(c_O^*/c_R^*)^{-(1-\alpha)}$ 的比值可容易地从式(6-38)和式(6-41)中导出,代入式(6-48)可得到

$$\frac{i}{i_0} = \frac{c_O(0,t)}{c_O^*}e^{-\alpha f\eta} - \frac{c_R(0,t)}{c_R^*}e^{(1-\alpha)f\eta} \qquad (6\text{-}49)$$

这里 $\eta = E - E_{eq}$。此公式称为电流-超电势公式(current-overpotential equation)，将在以后的讨论中经常用到。注意到该式中第一、二项描述的分别是在任何电势下阴极电流和阳极电流的贡献。

图 6-7 中实线显示的是实际的总电流，它是和 i_c 的 i_a 总和，虚线显示的是 i_c 或 i_a。对于较大的负超电势，阳极部分可忽略，因而总的电流曲线在此与 i_c 重合。对于较大的正超电势，阴极部分可忽略，总的电流基本上与 i_a 一样。电势从 E_{eq} 向正、负两个方向移动时，电流值迅速增大，这是因为指数因子占主导地位，但对于极端超电势，电流趋于稳定。在这些稳定区域，电流不是由异相动力学，而是由物质传递过程决定的。式(6-49)中的指数项的影响由于 $c_O(0,t)/c_O^*$ 和 $c_R(0,t)/c_R^*$ 而减弱，二者反映了反应物的供给情况。

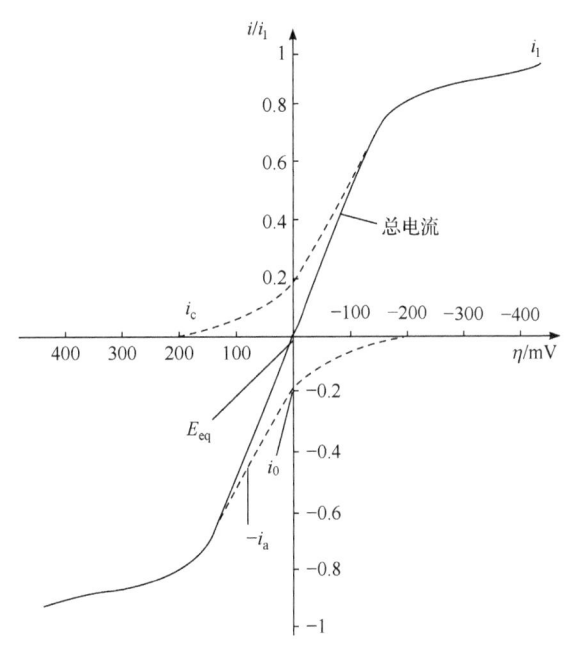

图 6-7 体系 O + e⁻ ⇌ R 的电流-超电势曲线

条件：$\alpha = 0.5$，$T = 298\text{K}$，$i_{l,c} = -i_{l,a} = i_l$ 和 $i_0/i_l = 0.2$。虚线标明电流 i_c 和 i_a 的部分

对于没有物质传递影响的情况，如果溶液被充分地搅拌，或电流维持在很小值，其表面浓度与本体浓度没有较大的差别，那么式(6-49)为

$$i = i_0 \left[e^{-\alpha f \eta} - e^{(1-\alpha) f \eta} \right] \tag{6-50}$$

此式通称为 Butler-Volmer 公式。当 i 小于极限电流 $i_{l,c}$ 或 $i_{l,a}$ 的 10%时，它是式(6-49)很好的近似。

图 6-8 显示了不同交换电流密度时式(6-50)的行为(在一般情况下 $\alpha = 0.5$)。图 6-9 以类似的方式显示了 α 的影响，对于每条曲线，交换电流密度为 10^{-6}A/cm^2。图 6-8 的一个显著的特点是反映了在 E_{eq} 处电流密度-超电势曲线的变形程度与交换电流密度的关系。

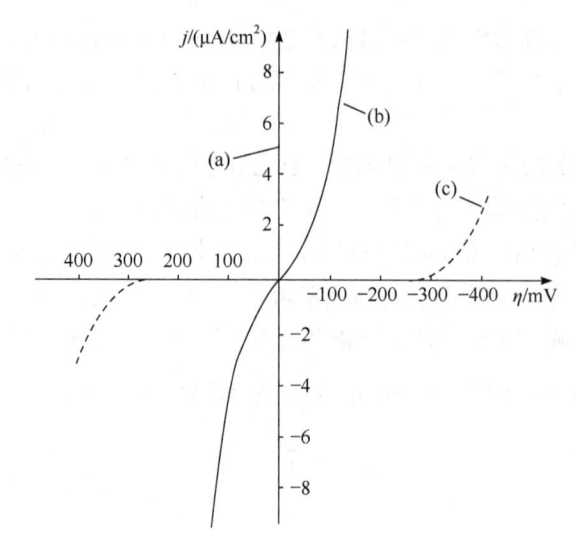

图 6-8 交换电流密度对引发净电流密度所需的活化超电势的影响

(a) $j_0 = 10^{-3}\,\text{A/cm}^2$ (此曲线与电流坐标重叠);(b) $j_0 = 10^{-6}\,\text{A/cm}^2$;(c) $j_0 = 10^{-9}\,\text{A/cm}^2$;

上述情况均是针对反应 $O + e^- \rightleftharpoons R$ 而言,且 $\alpha=0.5$,$T=298\text{K}$

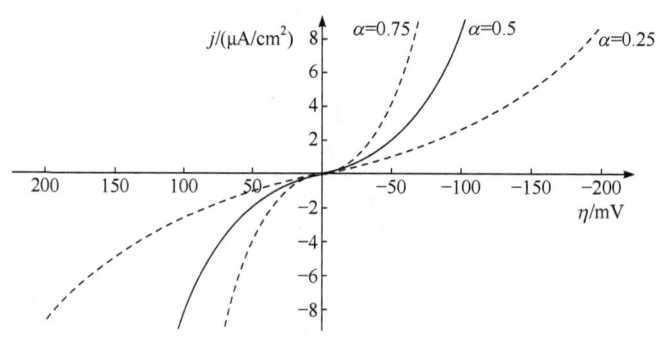

图 6-9 对于 $O + e^- \rightleftharpoons R$ 在 $T=298\text{K}$ 和 $j_0 = 10^{-6}\,\text{A/cm}^2$ 时,

传递系数对电流-超电势曲线对称性的影响

由于这里没有考虑物质传递的影响,任意给定电流下的超电势仅用于提供异相反应过程以该电流所表征的速率进行所需的活化能。交换电流越小,动力学越迟缓,因此特定净电流下的反应活化超电势越大。

如图 6-8 中(a)的情况,如果交换电流密度很大,在很小的活化超电势下,体系仍能够提供大的电流密度,甚至是传质极限电流密度。在这种情况下,任何所观察到的超电势均与 O 和 R 表面浓度的变化有关。它称为浓度超电势(concentration overpotential),可看作为支持此电流的物质传递速率所需的活化能。如果 O 和 R 的浓度相差不多,E_{eq} 将接近 $E^{\ominus'}$,在 $E^{\ominus'}$ 附近几十毫伏内就可达到阳极和阴极部分的极限电流。

另外,要考虑如图 6-8 中(c)的情况,因为超电势很低,所以交换电流密度非常小。在这种情况下,除非施加很大的活化超电势,否则没有显著的电流流动。在足够大的超电势下,异相反应过程可以足够快以至于物质传递控制电流,从而可达到一个极限平台电流。当物质传递的影响开始出现时,浓度超电势将产生,但主要的超电势仍是激活电荷传递。在这样的体系中，还原波发生在较 $E^{\ominus'}$ 负得多的电势，氧化波发生在较 $E^{\ominus'}$ 正得多的电势。

交换电流可认为是一种电荷在界面交换的"无功电流"。如果想勾勒出一个仅是这种双向功电流很小一部分的净电流，仅需要很小的超电势。即使在平衡时，体系仍以比我们要求的大得多的速率进行界面电荷转移。施加一微小的超电势的作用，是在很小的程度上破坏双向反应速率间的平衡，从而使其中一个占主导地位。另外，如果需要一个超过交换电流的净电流，将是一个困难得多的任务。所以不得不驱动体系以所需要的速率释放电荷，仅能够通过施加很大的超电势来达到此目的。由此可见，交换电流是在活化过程中没有大量能量损失的情况下体系释放净电流能力的量度。

实际体系的交换电流密度反映了 k^0 值相当宽的范围，它们可超过 10A/cm^2 或小于 pA/cm^2 (图 6-9)。

6.3.2 高超电势下的电化学极化规律

塔费尔公式是由塔费尔在 1905 年提出的经验公式，主要用于描述电化学反应中超电势(η)与电流密度(j)之间的关系。其数学表达式为 $\eta=a+b\lg|j|$，其中 a 和 b 是与电化学反应性质有关的常数，η 表示电极超电势，j 为电极的电流密度。该公式在化学电源中有着重要的应用。

式(6-50)括号中的某项可忽略。例如，在很负超电势时，$\exp(-\alpha f\eta) \gg \exp[(1-\alpha)f\eta]$，式(6-50)变为

$$j = j_0 e^{-\alpha f\eta} \tag{6-51}$$

$$\eta = \frac{RT}{\alpha F}\ln j_0 - \frac{RT}{\alpha F}\ln j \tag{6-52}$$

上述的动力学处理的确给出一个塔费尔形式的关系式，与在适当条件下所观察到的现象一致。塔费尔经验常数[见式(6-21)]现在可从理论上证实为

$$a = \frac{2.303RT}{\alpha F}\lg j_0, \quad b = \frac{-2.303RT}{\alpha F} \tag{6-53}$$

当逆向反应(例如，塔费尔形式是正确的，或一个净还原反应的阳极过程，反之亦然)的贡献小于电流的 1%时，塔费尔形式是正确的，或

$$\frac{e^{(1-\alpha)f\eta}}{e^{-\alpha f\eta}} = e^{f\eta} \leqslant 0.01 \tag{6-54}$$

它暗示在 25℃时，$|\eta|>118$mV。如果电极动力学相当快，当施加这样的极端超电势时，体系将达到物质传递极限电流。在这样的情况下，观察不到塔费尔关系式，因为必须排除物质传递过程对电流的影响。当电极动力学较慢而需要较大的活化超电势时，可得到很好的塔费尔关系。此点强调了这样的事实，即塔费尔行为是一个完全不可逆动力学的标记。此类体系，除非在很高的超电势下，一般仅允许小电流流动，其法拉第过程是单向的，因此化学上是不可逆的。

塔费尔公式在化学电源中应用十分广泛,首先通过塔费尔公式,我们可以了解化学电源在工作时电极上的电势变化情况。在化学电源工作或电解液电解过程中,电极上必然有电流通过,此时电极上发生的过程为不可逆过程,电极电势会偏离没有净电流通过时的电势,即发生极化现象。塔费尔公式能够定量描述这种极化现象,从而帮助研究者更好地理解和控制化学电源的工作过程。

其次,塔费尔公式可以用于分析和优化化学电源的性能。通过测量不同电流密度下的超电势,可以得到塔费尔图,从而得到与电化学反应速率有关的常数 a 和 b。这些常数可以用于评估电极材料的性能、电极表面状态以及溶液组成等因素对电化学反应速率的影响。通过优化这些因素,可以提高化学电源的性能,如提高能量密度、降低内阻等。

此外,塔费尔公式还可以用于预测化学电源的寿命和稳定性。在化学电源长期工作过程中,电极材料可能会发生老化或失效,导致电势变化和性能下降。通过定期测量塔费尔参数并观察其变化趋势,可以预测化学电源的寿命和稳定性,并提前采取相应的维护或更换措施。

总之,塔费尔公式在化学电源中的应用主要体现在描述电极电势变化、分析和优化性能以及预测寿命和稳定性等方面。通过合理利用该公式及相关技术,可以提高化学电源的性能和可靠性,推动其在各个领域的应用和发展。

6.3.3 低超电势下的电化学极化规律

对于小的 x 值,指数 e^x 可近似为 $1+x$,所以对于足够小的 η,式(6-50)可表示为

$$j = -j_0 f\eta \tag{6-55}$$

它表明在 E_{eq} 附近较窄的电势范围内,净电流与超电势有线性关系。$-\eta/j$ 有电阻的量纲,常被称为电荷转移电阻 R_{ct} (charge transfer resistance)

$$R_{ct} = \frac{RT}{Fj_0} \tag{6-56}$$

该参数是 j-η 曲线在原点 ($\eta = 0, j = 0$) 处斜率的负倒数。作为动力学难易程度的一个很方便的指数,它可从一些实验中直接得到,对于非常大的 k^0,它接近于零[式(6-38)]。

6.3.4 电化学极化在储能体系中的应用

电化学极化在电池领域用于分析电极反应的动力学特性和电池的充放电效率,帮助评估材料性能和优化设计。它通过塔费尔分析揭示反应速率和超电势关系,并利用电荷转移电阻(R_{ct})监测电池内部电阻和健康状态。综合这些数据可以提高电池的功率密度、能量密度和循环寿命。下面将进行详细论述。

塔费尔电化学极化和 R_{ct} 在锂电池性能的分析和优化中发挥着关键作用。塔费尔电化学极化主要用于揭示电极反应的动力学特性,其核心在于通过分析电流密度与超电势之间的关系,了解电极材料在充放电过程中的表现。具体而言,塔费尔方程提供了一种定量分析电极反应速率的方法,其中塔费尔斜率(b)反映了反应的动力学特性。例如,当研究人员比较不同电极材料时,发现硅基电极的塔费尔斜率显著低于传统石墨电极,意

味着硅基电极在充放电过程中具有较少的激活极化和更快的反应速率。这种较少的塔费尔斜率指示硅基电极能更高效地进行电荷转移,从而提高电池的功率密度和充放电效率,这对于快速充电和高功率应用至关重要。

与此同时,R_{ct} 则专注于电池内部的电阻特性,特别是在电极与电解质界面处的电阻。R_{ct} 的大小直接影响电池的充放电效率和功率输出。通过电化学阻抗谱(EIS)测试可以得到 R_{ct} 值,进而评估电池在不同工作条件下的表现。例如,研究显示,当锂电池经过多次充放电循环后,R_{ct} 逐渐增加,这通常是由电极材料的退化或界面副反应导致的。R_{ct} 的增大表明电池的电极与电解质之间的电子转移阻力增大,这会导致电池的功率输出下降和充放电效率降低。具体而言,若一款新电池的 R_{ct} 为 50Ω,经过 500 次循环后,R_{ct} 增大到 150Ω,这种变化显示出电池在长时间使用后性能的衰退。通过监测 R_{ct} 的变化,研究人员可以及时识别电池的退化问题,从而进行针对性的维护或材料改进,以延长电池的使用寿命。

综上所述,塔费尔电化学极化和 R_{ct} 在锂电池分析中提供了互补的信息。塔费尔分析帮助研究人员了解电极材料的反应动力学和优化性能,而 R_{ct} 则提供了关于电池内部电阻及健康状态的详细信息。通过综合应用这两种技术,可以更全面地评估锂电池的性能,指导材料选择与设计,并有效监测和延长电池的使用寿命。

在不可逆电极过程中,有电流通过电极,此时的电极电势与可逆电极电势不同,这种电极电势偏离平衡值的现象称为电极的极化。

原则上讲,电极发生极化的原因是因为当有电流通过时,电极上必然发生一系列以一定速度进行的过程,这些过程都或多或少地存在着阻力,要克服这些阻力,相应地需要一定的推动力,表现在电极电势上就出现这种偏离。根据产生极化的具体原因不同,通常可将极化分为三类:浓差极化、电化学极化和电阻极化。其中电阻极化是指电流通过时在电极表面生成一层氧化物薄膜或其他物质,从而增大了电阻。这种情况并非每个电极都有,没有普遍意义,因此以下只讨论浓差极化和电化学极化。

电化学极化也称活化极化。一个电极在无电流通过的可逆情况下,在金属与溶液的界面处形成了稳定的双电层,此时电极上有一定的带电程度,建立了相应的电极电势。当有电流通过时,这种双电层结构被破坏,于是会改变电极上的带电程度,从而使 φ_i 偏离。例如当电池

$$Mg\,|\,Mg^{2+}\,\|\,H_2^+\,|\,Pt$$

以一定电流放电时,电子便由 Mg 经导线以一定速度流到 Pt 上,但在 Pt-溶液界面处的 H$^+$ 还原反应并不能以同样的速度及时消耗掉这些电子。于是,与平衡状况相比,Pt 金属上有了多余的电子,此时的电极电势便低于平衡值,即 $\varphi_{ir阴} < \varphi_{r阴}$。在阳极上,电子以一定速度离开金属 Mg,但是 Mg 的氧化反应却不能以同样的速度及时补充流走的电子。于是,与平衡状况相比,Mg 金属上有了多余的正电荷,此时的电极电势便高于平衡值,即 $\varphi_{ir阳} > \varphi_{r阳}$。这种极化就是电化学极化,由以上分析可知,它产生的原因是当有电流通过时,电极反应存在阻力,致使无法及时补充或消耗两电极上由电流所造成的电荷变化。

即电化学极化是由电极反应的动力学因素而引起的。要想减小电化学极化的程度，就必须设法减小电极反应的阻力，提高反应速率。例如在使用金属铂作惰性电极时，总是电镀上一层绒状的铂黑，就是为了加快电极反应的速率，以减小电化学极化。

由以上分析还可以看出，与浓差极化类似，电化学极化的结果是阴极的电极电势降低，阳极的电极电势升高。应该指出，一般来说，除 Fe、Co、Ni 等少数金属的离子以外，通常金属离子在阴极上析出时电化学极化的程度都很小。相比之下，有气体参与电极反应时，电化学极化的程度都很大，因而气体电极的极化是不容忽略的。

当有电流通过一个电极时，浓差极化和电化学极化同时存在，兼而有之，此时的电极电势对其平衡值的偏离是两种极化的总结果。综上所述，可以得出如下结论：不论电极极化的产生原因如何，作为极化的结果，总是毫无例外地使阴极电势降低，阳极电势升高。这个结论不仅适用于电池，也适用于电解池。根据电极电势的意义，阴极电势降低意味着阴极上发生还原反应的趋势减小，阳极电势升高意味着阳极发生氧化反应的趋势减小。因此，不论阴极还是阳极，极化都是电极为了克服过程的阻力所付出的代价，结果使得电极过程便于进行。即极化程度越大，阴极上的还原反应越难于进行，阳极上的氧化反应越难于进行，这就是极化的全部意义。

电化学极化是电池在充放电过程中常见的现象，它对电池的性能和使用寿命有重要影响。电化学极化对电池充放电过程的影响主要体现在以下几个方面。

(1) 极化电势：在电池充放电过程中，由于电化学极化，电极的电势会发生变化，这种电势的变化称为极化电势。极化电势的存在会使电池的电压偏离其平衡电势，影响电池的输出功率和效率。

(2) 极化电流：电化学极化还会导致电池内部产生额外的电流，即极化电流。极化电流的存在会降低电池的充放电效率，增加电池的自放电速率。

(3) 活化超电势：电化学极化造成的电极电势与平衡电势之差称为活化超电势。活化超电势的大小是电化学极化的量度，对电池的性能和使用寿命有重要影响。在某些情况下，如气体析出时，活化超电势的数值会相当大，对电池性能的影响更为显著。

以电极$(Pt)H_2(g)|H^+$为例，当作为阴极发生还原作用时，由于 H^+ 变成 H_2 的速率不够快，有电流通过时到达阴极的电子不能被及时消耗掉，导致电极比可逆情况下带有更多的负电，从而使电极电势变得比平衡电势低。这一较低的电势促使反应物活化，加速 H^+ 转化成 H_2。然而，这种电化学极化现象会导致电池的电压偏离其平衡电势，降低电池的输出功率和效率。

为了减小电化学极化对电池充放电过程的影响，可以采取一些措施，如优化电极材料和电解液的选择、控制电池的充放电速率和温度等。这些措施有助于提高电池的性能和使用寿命。

习 题

1. 考虑电极反应：$O + ne^- \rightleftharpoons R$，在 $c_R^* = c_O^* = 1\text{mmol}/\text{L}$，$k^0 = \dfrac{10^{-7}\text{cm}}{\text{s}}$，$\alpha = 0.3$ 和

$n=1$ 条件下:

(1) 计算交换电流密度, $j_0 = i_0/A$, 单位为 $\mu A/cm^2$。

(2) 当阳极和阴极电流密度可达 $600\mu A/cm^2$, 绘出该反应的电流密度-超电势曲线(忽略物质传递的影响)。

(3) 在(2)所示的电流范围内, 绘出 $\lg|j|$-η 曲线(塔费尔图)。

2. 电流作为超电势的函数的一般表达式, 包括物质传递的影响, 可得到

$$i = \frac{\exp(-\alpha f \eta) - \exp[(1-\alpha)f\eta]}{\dfrac{1}{i_0} + \dfrac{\exp[-\alpha f \eta]}{i_{l,c}} - \dfrac{\exp[(1-\alpha)f\eta]}{i_{l,a}}}$$

(1) 推导出该表达式。

(2) 假设 $m_O = m_R = 10^{-3} cm/s$。采用一个编程的方法重新计算上面习题 1 中问题(2)和(3), 包括物质传递的影响。

3. 采用编程的方法计算和绘出在习题 2 中所给出的 i-η 通用公式的电流-电势和 ln(电流)-电势曲线。

(1) 在如下所给参数条件下, 将结果列表[电势、电流、ln(电流)、超电势]并绘出 i-η 图和 $\ln|i|$-η 图。

$A = 1cm^2$; $c_O^* = 1.0 \times 10^{-3} mol/cm^3$; $c_R^* = 1.0 \times 10^{-5} mol/cm^3$; $n = 1$; $\alpha = 0.5$;
$k^0 = 1.0 \times 10^{-4} cm/s$; $m_O = 0.01 cm/s$; $m_R = 0.01 cm/s$; $E^{\ominus} = -5V$ (vs. NHE)。

(2) 绘出当其他参数与(1)相同时, 在确定 k^0 范围内, $i = E$ 的各种曲线。在什么样的 k^0 值时, 曲线与能斯特反应曲线无法区分?

(3) 绘出当其他参数与(1)相同, 对于一系列 α 值其 i-E 的曲线。

4. 在大多数情况下, 单个过程的电流是可累加的。即总的电流 i_t 是不同电极反应的电流($i_1, i_2, i_3, \cdots$)总和。考虑如下的情况, 一个铂电极作为工作电极浸入含有 1mmol/L $K_3Fe(CN)_6$ 的 1.0mol/L HBr 溶液中, 各种交换电流密度如下:

$$H^+/H_2, \quad j_0 = 10^{-3} A/cm^2$$

$$Br_2/Br^-, \quad j_0 = 10^{-2} A/cm^2$$

$$[Fe(CN)_6]^{3-}/[Fe(CN)_6]^{4-}, \quad j_0 = 4 \times 10^{-5} A/cm^2$$

采用编程的方法计算和绘出此体系从阳极背景极限到阴极背景极限的电流-电势曲线。

5. 考虑 $\alpha = 0.50$ 和 $\alpha = 0.10$ 的单电子电极反应, 计算在应用下列条件和公式时其电流相对误差:

(1) 超电势为 10mV、20mV 和 50mV 时, 采用线性 i-η 公式。

(2) 超电势为 50mV、100mV 和 200mV 时, 采用塔费尔(完全不可逆)关系式。

6. 试讨论将一个铂电极浸入含有 Fe(II) 和 Fe(III) 的 1mol/L HCl 溶液中, 使电势达到平衡的机理。为使电极电势移动 100mV, 大约需要多少电荷? 为什么当 Fe(II) 和 Fe(III)

的浓度很低时，即使它们的浓度比保持在接近于 1，电势值也变得不稳定？这个实验事实反映了热力学原则吗？你认为此答案应用到离子选择电极电势的建立合适吗？

7. 对于大多数溶剂，溶剂项 $(1/\varepsilon_{OP} - 1/\varepsilon_S)$ 的值大约为 0.5，计算当一个分子半径是 0.40nm，与电极表面的距离是 0.7nm 时，仅由溶剂化引起的 λ_0 和活化自由能(以 eV 为单位)。

8. 对于一个平衡能量为 E_{eq} 的体系，如何表示从 $D_O(E, \lambda)$ 和 $D_R(E, \lambda)$ 的公式出发，导出本体浓度 c_O^* 和 c_R^* 与 $E^{\ominus}$ 之间类似于能斯特公式的表达式。该表达式与以 E_{eq} 和 $E^{\ominus}$ 表示的能斯特公式有何不同？如何解释此差异？

9. 描述电化学极化在电池充放电过程中的作用，并解释为什么它会导致电池电压偏离其平衡电势。

10. 在锂离子电池中，电化学极化如何影响电池的充电速率和放电容量？请举例说明。

11. 假设一个铅酸电池在充电过程中出现了严重的电化学极化现象，请分析可能导致哪些后果，并给出可能的解决方案。

12. 请设计一个实验，用于研究不同电流密度下电化学极化对锂离子电池性能的影响。描述实验步骤和预期结果。

13. 电化学极化与浓差极化有何区别？在电池充放电过程中，它们各自扮演什么角色？

14. 一个锂离子电池在放电过程中，由于电化学极化，其放电电压从 3.7V 降低到 3.5V。假设电池的容量为 $2A \cdot h$，计算由电化学极化导致的能量损失。

15. 一个燃料电池在标准条件下(25℃，1atm)的理论电动势为 1.23V。然而，在实际操作中，由于电化学极化，其工作电压为 1.1V。计算由电化学极化导致的电压损失。

16. 一个镍氢电池在放电过程中，其放电电压随时间的变化可以用以下方程表示：$V(t) = 1.2 - 0.005t$(其中 V 是电压；t 是时间，单位为 h)。计算从放电开始到 2h 后，由电化学极化导致的电压损失。

17. 一个铅酸电池在充电过程中，由于电化学极化，其充电电流逐渐减小。假设初始充电电流为 10A，经过 10min 后，电流减小到 8A。计算这 10min 内由电化学极化导致的平均电流损失率。

第7章 能源电化学传质动力学

最简单的化学电源电极反应是那些所有相关的化学反应速率与物质传递过程相比都非常快的反应。在这些条件下，化学反应通常可以用特别简单的方式处理。例如，如果一个电极过程仅仅涉及快速异相电荷转移动力学和迁移以及可逆的均相反应，可以定义如下两个条件：①均相反应处于平衡态；②与法拉第过程相关物种的表面浓度与电极电势关系符合能斯特方程。电极反应的净速率 v_{rxn} 完全由电活性物质从溶液到电极表面的物质传递速率 v_{mt} 决定的。

$$v_{\text{rxn}} = v_{\text{mt}} = i/nFA \tag{7-1}$$

由于在电极表面，主要的物种遵守热力学关系，这样的电极反应通常被称为可逆反应或能斯特反应，物质传递在电化学动力学中扮演重要作用。因此，我们要首先研究液相传质的几种方式。

7.1 液相传质的三种方式

液相传质主要涉及三种方式：对流、扩散和电泳。在化学电源中，这些方式各自扮演着重要的角色。

电泳是带电粒子在电场力作用下的定向移动。在化学电源中，电泳有助于带电离子在电解质溶液中的快速传输，提高电池的充放电效率。例如，在燃料电池中，氢离子在电解质膜中的电泳是实现电能转换的关键步骤。

对流是由液体中的浓度差或外力(如重力、电场力等)引起的液体流动。在化学电源中，对流有助于电解质溶液的均匀分布，确保电池内部反应的均匀进行。例如，在铅酸电池中，酸液的对流有助于铅板与酸液之间的充分接触，从而提高电池的放电效率。

扩散是由浓度差引起的物质自发地从高浓度区域向低浓度区域移动的过程。在化学电源中，扩散有助于离子在电解质溶液中的传输，从而维持电池内部电荷的平衡。例如，在锂离子电池中，锂离子在电解质溶液中的扩散是电池放电过程的关键步骤。总之，液相传质的三种方式在化学电源中各自发挥着重要作用，它们共同确保电池内部反应的顺利进行和电池的高效率运行。

1. 电泳

电泳是迁移荷电物质在电场(电势梯度)作用下的运动。在本体溶液中(离电极较远处)，浓度梯度一般来讲较小，总的电流主要是由迁移完成的。对于物质 j，在一个横截面积为 A 的线性物质传递体系的本体区域，$i_j = i_{m,j}$ 或

$$i_j = \frac{z_j^2 F^2 A D_j c_j}{RT} \times \frac{\partial \Phi}{\partial x} \tag{7-2}$$

由 Einstein-Smoluchowski 公式 $u_j = \frac{|z_j| F D_j}{RT}$ 可将 i_j 表达为

$$i_j = |z_j| F A u_j c_j \frac{\partial \Phi}{\partial x} \tag{7-3}$$

对于一个线性电场，

$$\frac{\partial \Phi}{\partial x} = \frac{\Delta E}{l} \tag{7-4}$$

式中，$\frac{\Delta E}{l}$ 为电场在距离 l 上电势的变化为 ΔE 时所引起的梯度(V/cm)，这样

$$i_j = \frac{|z_j| F A u_j c_j \Delta E}{l} \tag{7-5}$$

本体溶液中总电流由下式给出：

$$i = \sum_j i_j = \frac{FA\Delta E}{l} \sum_j |z_j| u_j c_j \tag{7-6}$$

2. 对流

对流是指对流搅拌或流体传输。一般流体流动是由于自然对流(由密度梯度所引起的对流)和强制对流而发生的，在空间上可分为静止区、层流区和湍流区。由溶液中各部分之间存在的密度差或温度差而引起的对流，称为自然对流。这种对流在自然界中是大量存在、自然发生的。用外力搅拌溶液引起的是强制对流。

通过自然对流和强制对流作用，可以使电极表面附近流层中的溶液浓度发生变化，其变化量用对流流量表示，i 离子的对流流量为

$$J_{i,对流} = c_i V_x \tag{7-7}$$

式中，$J_{i,对流}$ 为 i 离子的对流流量，mol/(cm² · s)；c_i 为 i 离子浓度，mol/cm³；V_x 为与电极表面垂直方向上的液体流速，cm/s。$V_{x=0} = 0$，即电极表面没有对流，随 x 的增加，对流速度增加。

3. 扩散

扩散是一个物种在化学势梯度(即浓度梯度)作用下的运动。扩散，通常导致一个混合物的均一化，是由于"随机散步"(random walk)所致。通过讨论一维的随机散步，可得到一个简单图像。考虑一个被限定在线性轨道上的分子受到溶剂分子的碰撞而发生布朗运动，每单位时间其运动的步长为 l。试问经历时间 t 后，分子将在什么地方？对此只能回答出分子处于某个不同的位置的概率。或者说，可以想象在 $t = 0$ 时，大量

的分子集中在一条线上，在时间 t 时分子将是如何分布的。此问题有时称为"喝醉酒的水手问题"，想象一个从酒吧出来的喝得大醉的水手(图 7-1)，他随意地左右摇晃(每摇晃一步的距离为 l，每 τ 秒走一步)。在一定时间 t 后，这个水手倒在街上某一距离的概率是多少？

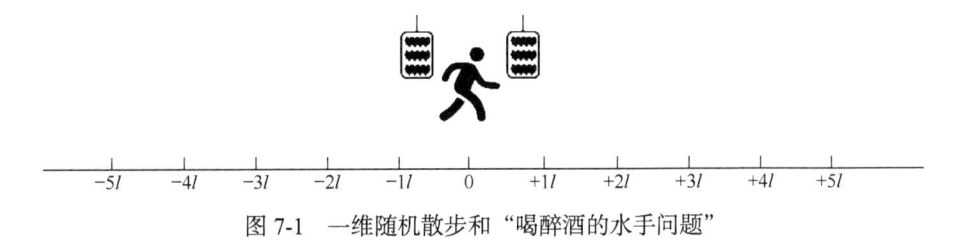

图 7-1　一维随机散步和"喝醉酒的水手问题"

在随机散步中，在任何耗去的周期内可能经过的所有途径近乎是相等的，因此分子到达的任何特定点的概率简单地说就是到达该点的途径数除以到达所有可能点的总途径数。这种想法见图 7-2。在时间 τ，分子到达 $+l$ 和 $-l$ 处的概率几乎相等；在 $+2l$、0 和 $-2l$ 处的相对概率分别是 1、2 和 1。

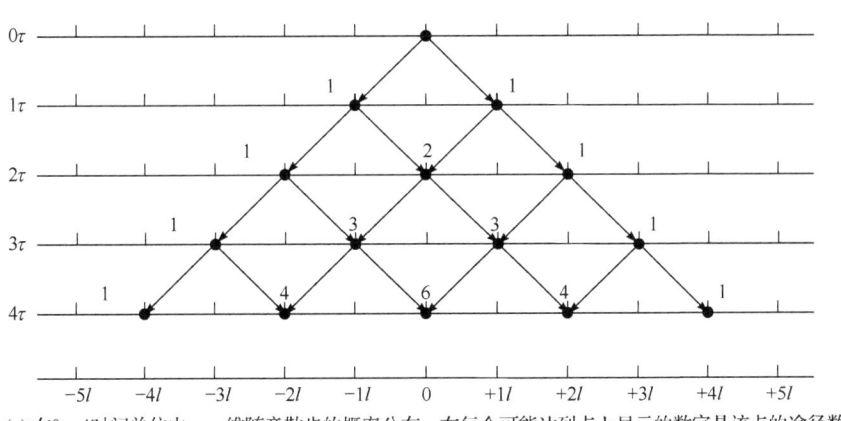

(a) 在 0~4 时间单位内，一维随意散步的概率分布，在每个可能达到点上显示的数字是该点的途径数

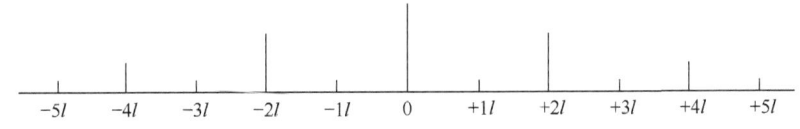

(b) 在 $t = 4\tau$ 时的分布示意，在此时刻，$x = 0$ 处的概率是 6/16，$x = \pm 2l$ 处是 4/16，$x = \pm 4l$ 处是 1/16

图 7-2　随意散步的概率分布图

扩散组分的浓度随时间变化的扩散称为非稳态扩散，扩散组分的浓度不随时间变化的扩散称为稳态扩散。电极附近的物质传递可由能斯特-普朗克(Nernst-Planck)公式来描述，沿着 x 方向的一维物质传递方程可表示为

$$J_{j,x} = -D_i \frac{\partial c_i(x)}{\partial x} - \frac{z_i F}{RT} D_i c_i \frac{\partial \Phi(x)}{\partial x} + c_i v(x) \tag{7-8}$$

式中，$J_{j,x}$ 为在距电极表面 x 处的物质 i 的流量，$mol/(s \cdot cm^2)$；D_i 为扩散系数，cm^2/s；

$\dfrac{\partial c_i(x)}{\partial x}$ 为距离 x 处的浓度梯度;$\dfrac{\partial \Phi(x)}{\partial x}$ 是电势梯度;z_i 和 c_i 分别为物质 i 的电荷(无量纲)和浓度;$v(x)$ 为溶液中一定体积单元在 x 方向移动的流速,cm/s。公式右边的三项分别代表扩散、迁移和对流对流量的贡献。

7.2 稳态扩散过程

稳态扩散过程在化学电源的应用中占据着非常重要的地位。在电池充放电过程中,稳态扩散是指物质在浓度梯度作用下的定向迁移,其速率稳定且恒定。这个过程确保了电池内部离子的均匀分布和电荷的平衡,从而保证了电池的稳定性和性能。具体来说,在电池充电时,离子从外部电源通过电解质溶液扩散到电池内部,并在电极上发生化学反应,将电能转化为化学能储存起来。在电池放电时,这个过程则相反,离子从电极通过电解质溶液扩散到外部电路,释放化学能并转化为电能。

在稳态扩散的条件下,单位时间内通过垂直于扩散方向的单位面积的扩散物质量(通称扩散通量)与该截面处的浓度梯度成正比。菲克对此进行了研究,并在1855年就指出:扩散方向常由高浓度向低浓度区进行(下坡扩散),扩散中原子的通量与质量浓度梯度成正比,即菲克第一定律:

$$-J_O(x,t) = D_O \dfrac{\partial c_O(x,t)}{\partial x} \tag{7-9}$$

此公式可从下述的微观模型导出。考虑在位置 x 处,并假设在时间 t 时,$N_O(x)$ 分子瞬间移动到 x 的左侧,$N_O(x+\Delta x)$ 分子瞬间移动到 x 的右侧(图 7-3)。所有的分子都在距位置一个步长 Δx 范围内,在时间增量 Δt 期间,在随意散步过程,这些分子的一半在一个方向移动,另一半在另一方向移动,两个方向均移动 Δx,因此,在 x 处通过一截面积 A 的净流量是从左边移动到右边和从右边移动到左边的分子数差值:

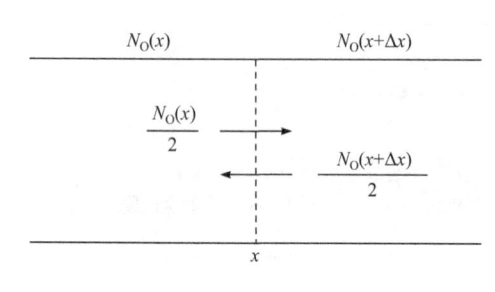

图 7-3 溶液中 x 面的流量

$$J_O(x,t) = \dfrac{1}{A} \times \dfrac{\dfrac{N_O(x)}{2} - \dfrac{N_O(x+\Delta x)}{2}}{\Delta t} \tag{7-10}$$

乘 $\Delta x^2 / \Delta x^2$,O 的浓度是 $c_O = N_O / A\Delta x$,导出

$$-J_O(x,t) = \dfrac{\Delta x^2}{2\Delta t} \times \dfrac{c_O(x+\Delta x) - c_O(x)}{\Delta x} \tag{7-11}$$

7.2.1 理想条件下的稳态扩散

由于扩散、电迁移、对流三种传质方式总是同时存在,所以在一般的电解池装置中,无法研究单纯扩散传质过程的规律。为了简便地研究单纯扩散过程的规律,人为地设计了一定的装置,在此装置中,可以排除电迁移传质作用的干扰,并且将扩散区与对流区分开,从而得到一个单纯的扩散过程。因为这种条件是人为创造的理想条件,所以把这种条件下的扩散过程称为理想条件下稳态扩散过程。研究理想条件下稳态扩散过程的装置如图7-4所示。

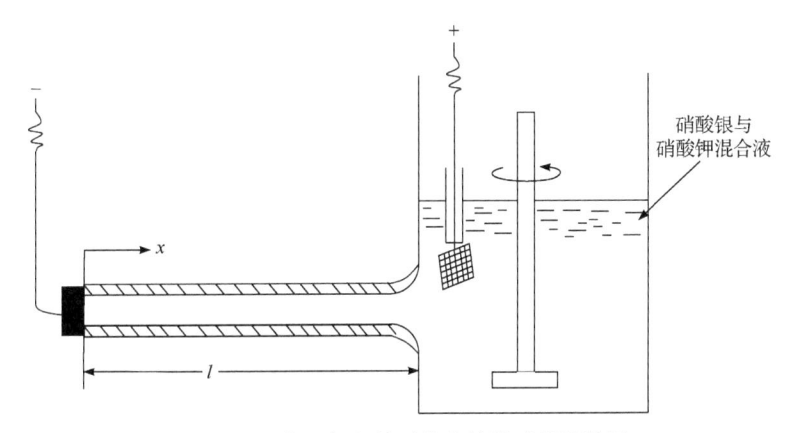

图 7-4 研究理想条件下稳态扩散过程的装置

该装置是一个特殊设计的电解池。电解池本身是由一个很大的容器及左侧所连接的长度为 l 的毛细管组成的。容器中的溶液为硝酸银和大量硝酸钾的混合溶液;电解池的阴极为银电极,其面积几乎与毛细管横截面积相同,而阳极为铂电极;在大容器中设有机械搅拌器。

该装置实际上是一个在银电极上沉积银的电解池。电解质 $AgNO_3$ 中解离出来的 Ag^+ 离子可不断地在银电极上还原沉积出来。大量的局外电解质 KNO_3,可以解离出大量 K^+ 离子,但 K^+ 不在阴极上发生还原反应。因此,在液相传质过程中,Ag^+ 的电迁流量很小,可以忽略不计。

在大容器中的搅拌器可以产生强烈的搅拌作用,从而使电解液产生强烈的对流作用,可使 Ag^+ 分布均匀,在大容器中各处的 c 是均匀的,无扩散;而毛细管内径相对很小,可以认为搅拌作用对毛细管内的溶液不发生影响,无对流,只有扩散。因此,可以得到截然分开的扩散区和对流区,如图7-5所示。Ag^+ 在毛细管一端的银阴极上放电。因为大容器的容积远远大于毛细管的容积,所以当通电量不太大时,可以认为大容器中的 Ag^+ 浓度 $c_{Ag^+}^0$ 不发生变化。当电解池通电以后,在阴极上有 Ag^+ 放电,在电极表面附近液层中 Ag^+ 浓度开始下降,由原来的 $c_{Ag^+}^0$ 变为 $c_{Ag^+}^s$,$c_{Ag^+}^s$ 即表示电极表面附近的 Ag^+ 浓度。随着通电时间的延长,浓度差逐渐向外发展。当浓度差发展到 $x=l$ 处,即发展到毛细管与大容器相接处时,由于对流作用,该点的 Ag^+ 浓度始终等于大容器中的 Ag^+ 浓度 $c_{Ag^+}^s$,

即 Ag^+ 可以由此向毛细管内扩散，以便及时补充电极反应所消耗的 Ag^+。因而，当达到稳态扩散时，Ag^+ 的浓度差就被限定在毛细管内，即扩散层厚度等于 l。

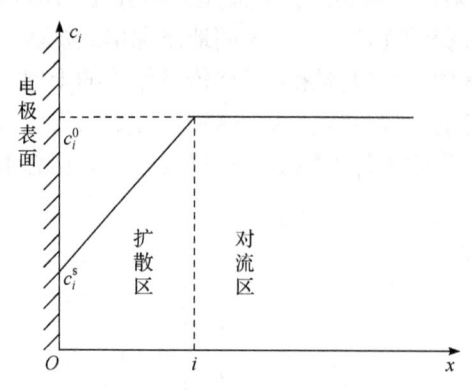

图 7-5　电极表面液层中反应粒子的浓度分布

由上述分析并根据菲克第一定律，Ag^+ 的理想稳态扩散流量为

$$J_{Ag^+} = -D_{Ag^+}\frac{dc_{Ag^+}}{dx} = -D_{Ag^+}\frac{c^0_{Ag^+} - c^s_{Ag^+}}{l} \tag{7-12}$$

若扩散步骤为控制步骤时，整个电极反应的速率就由扩散速率决定，因此可以用电流密度表示扩散速率。若以还原电流为正值，则电流的方向与轴方向(即流量的方向)相反，于是有

$$j_c = F(-J_{Ag^+}) = FD_{Ag^+}\frac{c^0_{Ag^+} - c^s_{Ag^+}}{l} \tag{7-13}$$

式(7-13)可以扩展为一般形式。假设电极反应为

$$O + ne^- \rightleftharpoons R$$

则稳态扩散的电流密度为

$$j = nFD_i\left(\frac{c^0_i - c^s_i}{l}\right) \tag{7-14}$$

在电解池通电之前，电流密度 $j = 0$，$c^0_i = c^s_i$。当通电以后，随着 j 的增大，电极表面反应粒子浓度 c^s_i 下降，当 $c^s_i = 0$ 时，则反应粒子的浓度梯度达到最大值，扩散速率也最大，此时的扩散电流密度为

$$j_d = nFD_i\frac{c^0_i}{l} \tag{7-15}$$

式中，j_d 称为极限扩散电流密度。此时的浓差极化就称为完全浓差极化。

将式(7-15)代入式(7-14)，可得

$$j = j_d\left(1 - \frac{c^s_i}{c^0_i}\right) \tag{7-16}$$

$$c_i^s = c_i^0\left(1 - \frac{j}{j_d}\right) \tag{7-17}$$

当出现 j_d 时，扩散速率达到了最大值，电极表面附近放电粒子浓度为零，扩散过来一个放电粒子，立即就消耗在电极反应上。但 c_i^s 不能小于零，所以扩散速率也就不可能再大了。出现 j_d 是稳态扩散过程的重要特征。

7.2.2 真实条件下的稳态扩散过程

大多数实际情况下，电极附近液层中的传质过程一般同时存在扩散和对流的影响，因而常称实际情况下的稳态扩散为"对流扩散"，而非单纯扩散过程，扩散区与对流区互相重叠，没有明确界限。因扩散层内部是以扩散作用为主的传质过程，它们有类似动力学规律，但又有区别，理想扩散层有确定厚度，真实体系需要根据一定理论求出扩散层有效厚度，然后在此基础上，借助理想稳态扩散的动力学公式，推导出真实条件下的扩散动力学公式。

对流扩散又可分为两种情况：一种是自然对流条件下的稳态扩散；另一种是强制对流条件下的稳态扩散。

1. 电极表面附近的液流现象及传质作用

设有一薄片平面电极，处于由搅拌作用而产生的强制对流中，若液流方向与电极表面平行，并且当流速不太大时，该液流属于层流，设冲击点为 y_0 点，液流的切向流速为 u_0。在电极表面附近液体的流动受到电极表面的阻滞作用，液流速度减小，且离电极表面越近，液流速度 u 就越小，在电极表面即 $x = 0$ 处，$u = 0$，如图 7-6 所示。

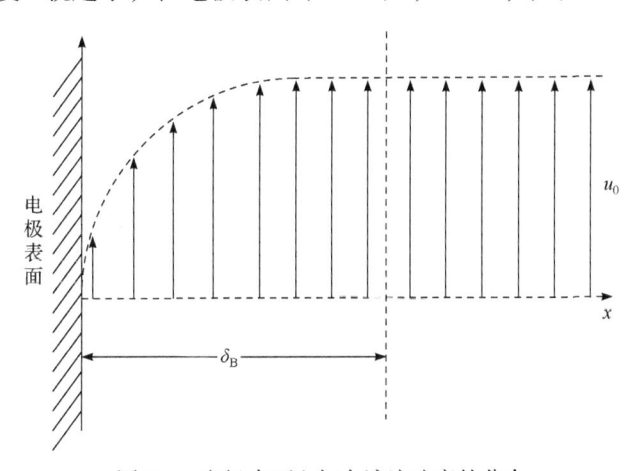

图 7-6 电极表面上切向液流速度的分布

从 $u = 0$ 到 $u = u_0$ 所包含的液流层，也即靠近电极表面附近的液流层称为边界层，其厚度以 δ_B 表示，δ_B 的大小与电极几何形状和流体动力学条件有关，由流体力学理论可推导出下列近似关系式。

$$\delta_B \cong \sqrt{vy/u_0} \tag{7-18}$$

式中，u_0 为液流的切向初速度；v 为动力黏滞系数，又称动力黏度系数，$v = \dfrac{\eta}{\rho}$，η 为黏度系数，ρ 为密度；y 为一电极表面上某点距冲击点 y_0 的距离。

式(7-18)表示，电极表面上各点处的 δ_B 厚度不同，离冲击点越近，则厚度越小，而离冲击点越远，则厚度越大，见图 7-7。

而扩散传质理论表明，在紧靠电极表面附近有一很薄的液层中存在着反应粒子浓度梯度，所以存在反应粒子的扩散作用，把这一薄液层称为扩散层，厚度以 δ 表示。扩散层与边界层关系见图 7-8。由图 7-8 可见，扩散层包含在边界层之内，但应注意二者概念完全不同。

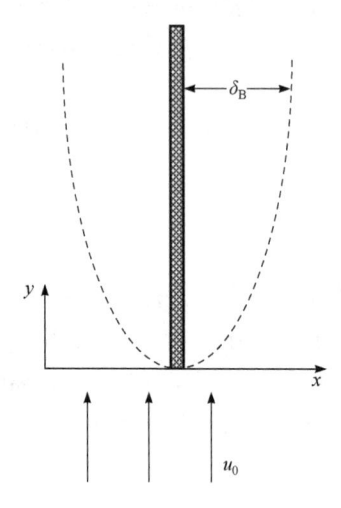

图 7-7　电极表面上边界层的厚度分布 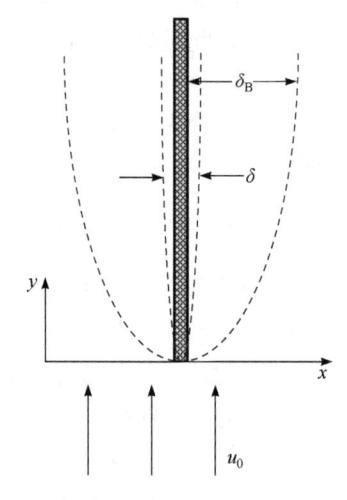　　图 7-8　电极表面上扩散层与边界层关系

边界层中有液流流速，可实现动量传递，而动量传递大小取决于溶液的动力黏度系数 v；而在扩散层中，存在着反应粒子的浓度梯度，此层内可实现物质的传递，传递量取决于反应粒子扩散系数 D_i，通常 v 和 D_i 在数值上差别较大。在水中，$v=10^{-2}\text{cm}^2/\text{s}$，$D_i=10^{-5}\text{cm}^2/\text{s}$，差三个数量级，即表明动量传递比物质传递容易得多，所以 δ_B 比 δ 大得多。由流体力学理论可推出 δ_B 与 δ 之间近似关系。

$$\delta/\delta_B \cong \left(\frac{D_i}{v}\right)^{\frac{1}{3}} \tag{7-19}$$

2. 扩散层的有效厚度

已知在边界层中的 $x>\delta$ 处，全部靠切向对流作用实现传质过程，而在 $x<\delta$ 处，即扩散层内，主要靠扩散作用来实现传质过程，但此层内 $u\neq 0$，仍有很小对流速度存在，所以也存在对流传质作用，表明在真实电化学体系中，扩散层与对流层叠合在一起，很难截然分开，即使在扩散层中，距电极表面距离不同的各点，对流速度也不同，故各点

浓度梯度也不是常数，见图 7-9。

图中各处 $\dfrac{\mathrm{d}c}{\mathrm{d}x}$ 不同，扩散层边界也不确定，只能采用近似方法处理。即根据 $x=0$ 处(此时 $u=0$，不受对流影响)的浓度梯度计算扩散层厚度的有效值，即计算扩散层的有效厚度。图 7-9 中，B 点浓度为 c_i^s，A 点对应的浓度为 c_i^0，自 B 点作 BL 切线与 AL 相交于 D 点，图中的长度 AD 就表示扩散层有效厚度 δ 有效。经此近似处理后，得

$$\left(\dfrac{\mathrm{d}c_i}{\mathrm{d}x}\right)_{x=0}=\dfrac{c_i^0-c_i^s}{\delta_{\text{有效}}}=\text{常数} \quad (7\text{-}20)$$

$$\delta_{\text{有效}}=\dfrac{c_i^0-c_i^s}{\left(\dfrac{\mathrm{d}c_i}{\mathrm{d}x}\right)_{x=0}} \quad (7\text{-}21)$$

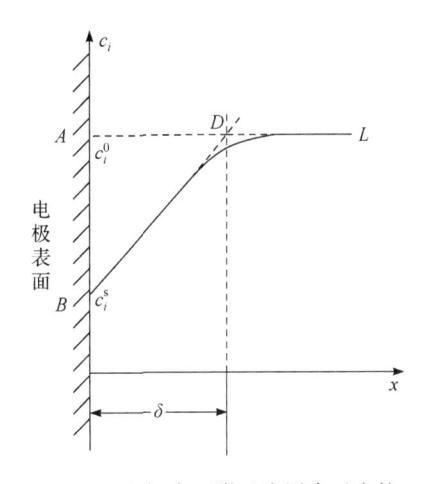

图 7-9 电极表面附近液层中反应粒子浓度的实际分布

根据这种近似处理，就可以用 $\delta_{\text{有效}}$ 代表扩散层厚度。

根据前面的分析，将式(7-18)代入式(7-19)，于是可以得到式(7-22)。

$$\delta \approx D_i^{1/3} v^{1/6} y^{1/2} u_0^{-1/2} \quad (7\text{-}22)$$

式中，δ 是对流扩散层厚度，式(7-21)与式(7-22)结果大致相同。$\delta_{\text{有效}}$ 中已包含对流对扩散的影响。式(7-22)表明，对流扩散的扩散层厚度 δ 和理想扩散层厚度 δ 不同，不仅与离子扩散运动特性 D_i 有关，也与电极几何形状(距 y_0 的距离 y)及流体力学条件(u_0 和 v)有关。这表明在扩散层 δ 中的传质运动，受到了对流作用的影响，且扩散层厚度 δ 与边界层厚度 δ_B 也不同，δ_B 仅与 y、u_0 和 v 有关，而 δ 除与上述因素有关外，还与 D_i 有关，表明在扩散层 δ 内确有扩散传质作用，与理想条件下稳态扩散完全不同，既有扩散传质作用又有对流传质作用。

3. 对流扩散的动力学规律

将对流扩散层的厚度式(7-22)代入理想稳态扩散动力学公式(7-14)和式(7-15)，就可以得到对流扩散动力学的基本规律，即

$$j=nFD_i\left(\dfrac{c_i^0-c_i^s}{\delta}\right)\approx nFD_i^{2/3}v^{-1/6}y^{-1/2}u_0^{1/2}\left(c_i^0-c_i^s\right) \quad (7\text{-}23)$$

$$j_\mathrm{d}=nFD_i\dfrac{c_i^0}{\delta}\approx nFD_i^{2/3}v^{-1/6}y^{-1/2}u_0^{1/2}c_i^0 \quad (7\text{-}24)$$

7.2.3 电迁移对稳态扩散过程的影响

前述讨论电解质中均有大量局外电解质，现不考虑电迁移作用对扩散电流密度的影响。现考虑仅有少量电解质时，即有电迁移作用时对扩散电流密度的影响。以仅含 $AgNO_3$

的溶液在阴极表面附近液层中的传质过程为例，在溶液中，$AgNO_3$ 电离：

$$AgNO_3 \longrightarrow Ag^+ + NO_3^-$$

在阴极，Ag^+ 沉积使电极表面附近 Ag^+ 浓度降低，NO_3^- 不参与反应，但在电场作用下将向阳极迁移，在阴极表面附近液层中的浓度也会降低，故 NO_3^- 也会由溶液本体向阴极表面附近液层中扩散，经时间 t 达稳态后，溶液中各处离子浓度不再随时间而改变，此时运动情况见图 7-10。达到稳态时，溶液中每一点 NO_3^- 浓度恒定，过此点电迁流量和扩散流量恰好相等且方向相反，所以正好抵消。

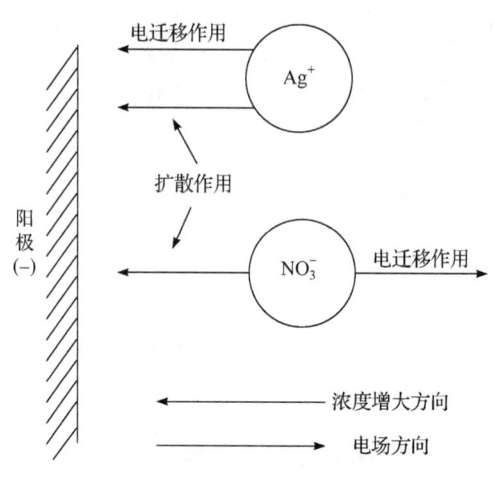

图 7-10 电迁移对稳态扩散影响的示意图

当完全无局外电解质时，对 $1:1$ 型、$Z:Z$ 型电解质，电迁移作用使电流密度比单纯扩散作用下增加一倍。当有少量局外电解质或非 $Z:Z$ 型电解质时，电迁移作用使正离子在阴极还原的电流密度增大；负离子在阴极还原的电流密度减小；负离子在阳极氧化的电流密度增大，正离子在阳极氧化的电流密度减小。

7.3 浓差极化的规律和判别方法

7.3.1 浓差极化的规律

在有限电流通过电极时，离子传质过程的迟缓性电极表面附近离子浓度与本体溶液中不同，从而使电极电势偏离其平衡电极电势的现象，称为浓差极化。此时，由于电极表面的电化学过程为快步骤，仍可认为其处于平衡状态。所以，依旧可以用能斯特方程解释浓差极化产生的本质。

浓差超电势 $\eta_{浓差}$ 是电极浓差极化程度的度量。

$$\eta_{浓差} = \varphi - \varphi_{平衡} \tag{7-25}$$

在消除电迁移的影响条件下，以阴极反应为例的浓差极化动力学方程如下所示。对于氧化还原反应：

$$O + ne^- \rightleftharpoons R \tag{7-26}$$

式中，O 为氧化态物质，即反应粒子；R 为还原态物质，即反应产物；n 为参加反应的电子数。

由于扩散传质步骤为速度控制步骤，因此可以认为电子转移步骤进行得很快，当电流通过时，其平衡状态基本未遭破坏，其电极电势仍能用能斯特方程表示。

$$\varphi = \varphi^{\ominus} + \frac{RT}{nF}\ln\left(\frac{\gamma_O c_O^s}{\gamma_R c_R^s}\right)$$

式中，c_O^s、c_R^s 为表面浓度；γ_O、γ_R 为活度系数。

若假定 γ_O、γ_R 不随浓度而变化，则通电之前电极的平衡电极电势为

$$\varphi_{\Psi} = \varphi^{\ominus} + \frac{RT}{nF}\ln\left(\frac{\gamma_O c_O^s}{\gamma_R c_R^s}\right)$$

式中，c_O^s、c_R^s 为本体浓度。

1. 反应产物 R 为独立相(不溶)

有时，阴极反应的产物为气泡或固体沉积气等独立相，这些产物不溶于电解液，可以认为

$$\gamma_R c_R^0 = 1$$

$$\gamma_R c_R^s = 1$$

当产物不溶时，R 的表面活度为 1，故有：

(1) 通电前

$$\varphi_{\Psi} = \varphi^{\ominus} + \frac{RT}{nF}\ln\left(\gamma_O c_O^0\right) \tag{7-27}$$

(2) 有电流通过时

$$\varphi = \varphi^{\ominus} + \frac{RT}{nF}\ln\left(\gamma_O c_O^s\right) \tag{7-28}$$

根据前面的稳态扩散公式(7-17)：

$$c_O^s = c_O^0\left(1 - \frac{j}{j_d}\right) \tag{7-29}$$

根据式(7-28)和式(7-29)可以得到：

$$\varphi = \varphi^{\ominus} + \frac{RT}{nF}\ln\left(\gamma_O c_O^0\right) + \frac{RT}{nF}\ln\left(1 - \frac{j}{j_d}\right) = \varphi_{\Psi} + \frac{RT}{nF}\ln\left(1 - \frac{j}{j_d}\right) \tag{7-30}$$

式(7-30)给出了极化电流密度 j 与电极电势 φ(极化电势)的数学关系，实际上就是极化曲线方程：

$$\varphi - \varphi_\mathbb{P} = \frac{RT}{nF}\ln\left(1-\frac{j}{j_\mathrm{d}}\right) \tag{7-31}$$

以 φ 对 j 作图,得到极化曲线。其突出特征是具有"极限扩散电流段"。根据这一特征就可以判断电极过程的控制步骤是否为扩散控制。以 φ 对 $\lg\left(1-\frac{j}{j_\mathrm{d}}\right)$ 作图,可得一直线,其斜率值为 $2.303RT/nF$,可求出参与反应的电子数 n。

2. 反应开始前 R 不存在且产物 R 可溶

有电流流过时,

$$\varphi = \varphi^\ominus + \frac{RT}{nF}\ln\left(\frac{\gamma_\mathrm{O} c_\mathrm{O}^\mathrm{s}}{\gamma_\mathrm{R} c_\mathrm{R}^\mathrm{s}}\right) \tag{7-32}$$

反应产物生成的速率与反应物消耗的速率,用克当量表示时是相等的,均为 $\frac{1}{nF}$。而产物的扩散流失速率为 $D_\mathrm{R}\left(\frac{\partial c_\mathrm{R}}{\partial x}\right)_{x=0}$,其中产物向电极内部扩散(生成汞齐)时用正号,产物向溶液中扩散时用负号。显然,在稳态扩散下,产物在电极表面的生成速率应等于其扩散流失速率,假设产物向溶液中扩散,于是有

$$\frac{j}{nF} = D_\mathrm{R}\left(\frac{c_\mathrm{R}^\mathrm{s} - c_\mathrm{R}^0}{\delta_\mathrm{R}}\right) \tag{7-33}$$

反应前的产物浓度 $c_\mathrm{R}^0 = 0$,所以

$$c_\mathrm{R}^\mathrm{s} = \frac{j\delta_\mathrm{R}}{nFD_\mathrm{R}} \tag{7-34}$$

根据前面极限扩散电流公式 $j_\mathrm{d} = nFD_\mathrm{O}\left(\frac{c_\mathrm{O}^0}{\delta_\mathrm{O}}\right)$,有

$$c_\mathrm{O}^0 = \frac{j_\mathrm{d}\delta_\mathrm{O}}{nFD_\mathrm{O}} \tag{7-35}$$

根据稳态扩散公式:

$$c_\mathrm{O}^\mathrm{s} = c_\mathrm{O}^0\left(1-\frac{j}{j_\mathrm{d}}\right) = \frac{\delta_\mathrm{O}}{nFD_\mathrm{O}}(j_\mathrm{d} - j)$$

$$\varphi = \varphi^\ominus + \frac{RT}{nF}\ln\left(\frac{\gamma_\mathrm{O} c_\mathrm{O}^\mathrm{s}}{\gamma_\mathrm{R} c_\mathrm{R}^\mathrm{s}}\right) = \varphi^\ominus + \frac{RT}{nF}\ln\left(\frac{\gamma_\mathrm{O}\delta_\mathrm{O} D_\mathrm{R}}{\gamma_\mathrm{R}\delta_\mathrm{R} D_\mathrm{O}}\right) + \frac{RT}{nF}\ln\left(\frac{j_\mathrm{d}-j}{j}\right)$$

当 $j = 0.5j_\mathrm{d}$ 时,上式右方最后一项为零,这种条件下的电极电势就称为半波电势,通常以 $\varphi_{1/2}$ 表示,显然

第7章 能源电化学传质动力学

$$\varphi_{1/2} = \varphi^{\ominus} + \frac{RT}{nF}\ln\left(\frac{\gamma_O \delta_O D_R}{\gamma_R \delta_R D_O}\right) \tag{7-36}$$

由于在一定对流条件下的稳态扩散中，δ_O 与 δ_R 均为常数；又由于在含有大量局外电解质的电解液和稀汞齐中，γ_O、γ_R、D_O、D_R 均随浓度 c_O 和 c_R 变化很小，也可以将它们看作常数，因此可以将 $\varphi_{1/2}$ 当作只与电极反应性质(反应物与产物的特性)有关而与浓度无关的常数。所以，极化曲线方程为

$$\varphi = \varphi_{1/2} + \frac{RT}{nF}\ln\left(\frac{j_d - j}{j}\right) \tag{7-37}$$

其相对应的极化曲线如图 7-11 和图 7-12 所示。

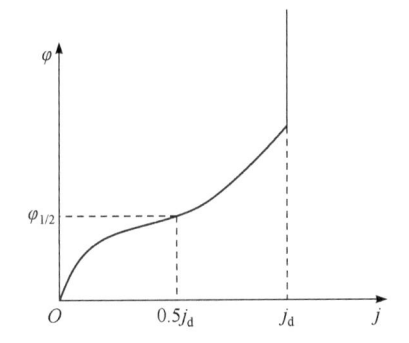

图 7-11 产物可溶时的浓差极化曲线

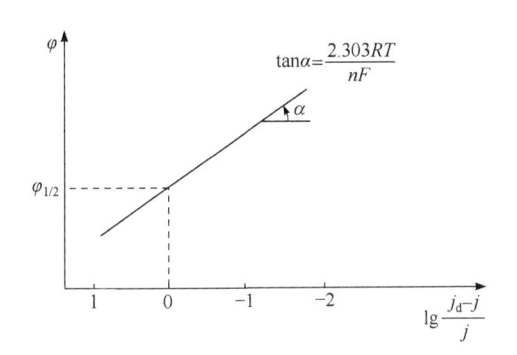

图 7-12 $\varphi\text{-lg}\dfrac{j_d - j}{j}$ 的直线关系

3. 反应开始前 O 和 R 均存在，且都可溶

考虑到界面上 O 与 R 的流量相等，因此：

$$\varphi = \varphi^{\ominus} + \frac{RT}{nF}\ln\left(\frac{\gamma_O c_O^s}{\gamma_R c_R^s}\right), \quad D_O\left(\frac{\partial c_O}{\partial x}\right)_{x=0} = -D_R\left(\frac{\partial c_R}{\partial x}\right)_{x=0}$$

扩散电流密度为

$$j = nFD_O\frac{c_O^0 - c_O^s}{\delta_O} = nFD_R\frac{c_R^s - c_R^0}{\delta_R} \tag{7-38}$$

极限扩散电流密度为

$$j_{d,c} = nFD_O\frac{c_O^0}{\delta_O}, \quad j_{d,a} = -nFD_R\frac{c_R^0}{\delta_R}$$

将上述扩散电流密度与极限扩散电流密度表达式联立，得到

$$c_O^s = \frac{(j_{d,c} - j)\delta_O}{nFD_O}, \quad c_R^s = \frac{(j - j_{d,a})\delta_R}{nFD_R}$$

将上式代入 $\varphi = \varphi^{\ominus} + \dfrac{RT}{nF}\ln\left(\dfrac{\gamma_O c_O^s}{\gamma_R c_R^s}\right)$，得

$$\varphi = \varphi^{\ominus} + \dfrac{RT}{nF}\ln\left(\dfrac{\gamma_O \delta_O D_R}{\gamma_R \delta_R D_O}\right) + \dfrac{RT}{nF}\ln\left(\dfrac{j_{d,c} - j}{j - j_{d,a}}\right) \tag{7-39}$$

当 $j = 1/2(j_{d,a} + j_{d,c})$ 时

$$\varphi = \varphi_{1/2} = \varphi^{\ominus} + \dfrac{RT}{nF}\ln\left(\dfrac{\gamma_O \delta_O D_R}{\gamma_R \delta_R D_O}\right) \tag{7-40}$$

7.3.2 浓差极化的判别方法

可以根据是否出现浓差极化的动力学特征，判别电极过程是否由扩散步骤控制。现将浓差极化的动力学的特点总结如下。

(1) 浓差极化的动力学公式为

$$\varphi - \varphi_{\Psi} = \dfrac{RT}{nF}\ln\left(1 - \dfrac{j}{j_d}\right) \tag{7-41}$$

$$\varphi = \varphi_{1/2} + \dfrac{RT}{nF}\ln\left(\dfrac{j_d - j}{j}\right) \tag{7-42}$$

以 φ 对 $\lg\left(1 - \dfrac{j}{j_d}\right)$ 作图，可得一直线，其斜率值为 $2.303RT/nF$，可求出参与反应的电子数 n。

(2) 当电极极化到一定程度时，会出现不随电势变化的极限扩散电流，极化曲线上出现平台。

(3) j 和 j_d 与扩散层厚度成反比，所以可以通过加强搅拌使 j 和 l 增加。

(4) 当 $j = 0.5 j_d$ 时 $\varphi = \varphi_{1/2}$，此半波电势在一定条件下可视为常数。

(5) 反应活化能低，反应速率的温度系数较小，j_d 的温度系数在 2%/K 以内。

(6) 根据以上特点就可以判断电极过程是否受浓差极化过程控制。

7.4 非稳态扩散过程

相较于稳态扩散，非稳态扩散在化学电源的应用中也有着其独特的价值和重要性。非稳态扩散通常指的是在扩散过程中，物质的浓度、温度、电场等条件随时间或空间发生变化，导致扩散速率也随之变化的现象。在化学电源中，非稳态扩散的应用主要体现在电池充放电过程中的动态响应。由于电池充放电过程中，电极表面附近的电解质浓度会发生变化，这种变化可能导致稳态扩散无法完全满足电荷传输的需求。此时，非稳态扩散能够根据实际情况调整扩散速率，确保电荷在电池内部的快速传输，从而提高了电池的充放电效率。

非稳态扩散的优势在于其适应性强和响应速度快。由于非稳态扩散能够根据实际情况调整扩散速率，因此它能够在电池内部条件发生变化时迅速响应，确保电池的稳定运行。此外，非稳态扩散还有助于提高电池的功率密度和能量密度，使得电池在相同的体积或质量下能够存储更多的能量或输出更高的功率。

然而，相较于稳态扩散，非稳态扩散也存在一些劣势。首先，非稳态扩散的扩散速率不易控制，可能导致电池内部电荷分布不均匀，从而影响电池的性能和寿命。其次，非稳态扩散的扩散过程可能受到多种因素的影响，如温度、浓度、电场等，这些因素的变化可能导致扩散速率的波动和不稳定。因此，在化学电源的设计和应用中，需要根据具体的使用场景和需求选择合适的扩散方式。在需要快速响应和高性能输出的场合，非稳态扩散可能是一个更好的选择；而在需要长时间稳定运行和长寿命的场合，稳态扩散可能更为合适。

总而言之，非稳态扩散是一种多变现象，先于某一物质的变化而发生，而它的演变轨迹由粒子的时空变化所眷描，它的影响力充满多样性，因为它可以驱动多个时间尺度复杂的化学变化现象。非稳态扩散可以说是化学活动中要有的不可缺少的部分，它所提供的经验可以帮助研究者更深入地分析和预测化学系统的运行及其复杂程度。

7.4.1 菲克第二定律

当扩散处于非稳态，即各点的浓度随时间而改变时，虽然菲克第一定律仍可使用，但利用菲克第一定律不容易求得浓度和位置 x 以及时间 t 的关系式。为此，从物质的平衡关系入手建立了菲克第二定律。菲克第二定律表示扩散物质浓度与时间和空间位置之间的定量关系。

菲克第二定律：

$$\frac{\partial y c_O(x,t)}{\partial t} = D_O \left[\frac{\partial^2 c_O(x,t)}{\partial x^2} \right] \tag{7-43}$$

该公式可从菲克第一定律按如下方式导出。在位置 x 的浓度变化是宽度为 dx 的单元体（图 7-13）流入和流出的流量的差值

$$\frac{\partial y c_O(x,t)}{\partial t} = \frac{J(x,t) - J(x+dx,t)}{dx} \tag{7-44}$$

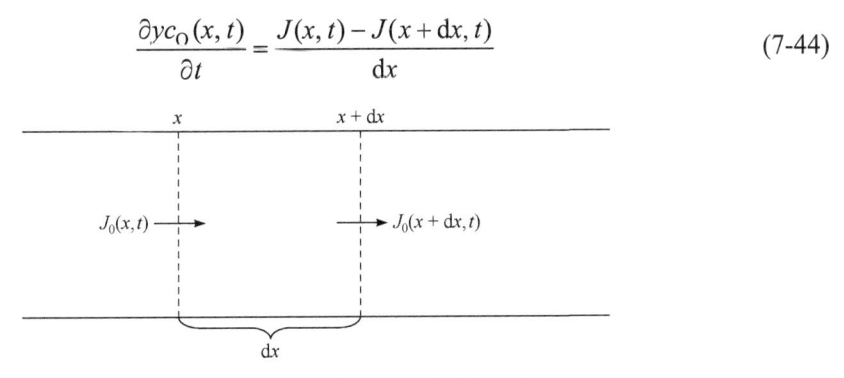

图 7-13 在 x 处的单元体流入和流出的流量

注意到 J/dx 的量纲是 $[\text{mol}/(\text{s} \cdot \text{cm}^2)]/\text{cm}$，或根据需要取每单位时间内浓度的变化。

在 $x+dx$ 处的流量可按在 x 处的通用公式给出：

$$J(x+dx,t) = J(x,t) + \frac{\partial J(x,t)}{\partial x}dx \tag{7-45}$$

从菲克第一定律公式，得到

$$-\frac{\partial J(x,t)}{\partial x} = \frac{\partial}{\partial x}D_O\frac{\partial c_O(x,t)}{\partial x} \tag{7-46}$$

将式(7-44)~式(7-46)结合起来，得

$$\frac{\partial c_O(x,t)}{\partial t} = \left(\frac{\partial}{\partial t}\right)\left[D_O\frac{\partial c_O(x,t)}{\partial x}\right] \tag{7-47}$$

当 D_O 不是 x 的函数时，得到式(7-43)。

在大多数电化学体系中，由电解引起的溶液组分的变化是足够小的，因而扩散系数随 x 的变化可忽略。然而，当电活性组分浓度很高时，溶液的性质如区域黏度，在电解时会发生很大的变化。对于这些体系，式(7-43)不再适用，需要更复杂的处理。在这些条件下，迁移的影响也很重要。

对于任意的几何形状，菲克第二定律的一般式是

$$\frac{\partial c_O}{\partial t} = D_O \nabla^2 c_O \tag{7-48}$$

式中，∇^2 为拉普拉斯算符。表 7-1 给出了各种几何形状的 ∇^2 形式。因此，有关平板电极的问题[图 7-14(a)]，线形扩散公式是适用的。有关球形电极的问题[图 7-14(b)]，如悬汞滴电极(HMDE)，必须使用扩散公式的球坐标形式：

$$\frac{\partial c_O(r,t)}{\partial t} = D_O\left[\frac{\partial^2 c_O(r,t)}{\partial r^2} + \frac{2}{r}\frac{\partial c_O(r,t)}{\partial r}\right] \tag{7-49}$$

线形和球形公式之间的差异是因为随着 r 的增加，球形扩散通过不断增大面积来进行的。

表 7-1 不同几何形状的拉普拉斯算符的形式

类型	变量	∇^2	示例
线性	x	$\partial^2/\partial x^2$	平板盘电极
球形	r	$\partial^2/\partial r^2 + (2/r)(\partial/\partial r)$	悬汞电极
圆柱形(轴向)	r	$\partial^2/\partial r^2 + (1/r)(\partial/\partial r)$	丝状电极
Disk	r, z	$\partial^2/\partial r^2 + (1/r)(\partial/\partial r) + \partial^2/\partial z^2$	镶嵌圆盘超微电极
Band	x, y	$\partial^2/\partial x^2 + \partial^2/\partial y^2$	镶嵌带电极

注：① 引自 Crank J. The Mathematics of Diffusion. Oxford: Clarendon, 1976.
② r 为从圆盘中心所测的径向距离；z 为到圆盘表面的法向距离。
③ x 为带平面上的距离；y 为到带表面的法向距离。

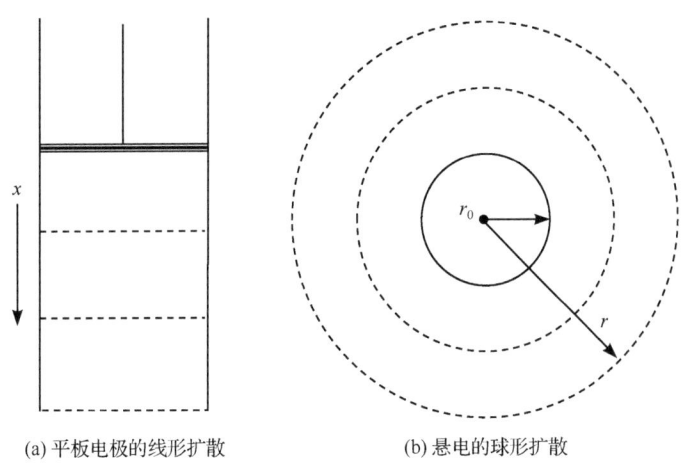

(a) 平板电极的线形扩散　　　(b) 悬电的球形扩散

图 7-14　在不同电极上发生的扩散类型

考虑这样的情况，电活性物质到电极的传递纯粹是由扩散完成的，结合其进行的电极反应 $O + ne^- \rightleftharpoons R$，如果没有其他的电极反应发生，那么电流与电极表面 ($x = 0$) 物质的流量 $J_O(0, t)$ 的关系为

$$-J_O(0, t) = \frac{i}{nFA} = D_O \left[\frac{\partial c_O(x, t)}{\partial x} \right]_{x=0} \tag{7-50}$$

单位时间内转移的电子总数，必须与该时间内到达电极的 O 的量成正比。在电化学中它是一个非常重要的关系，因为它是连接电极附近电活性物质浓度分布和电化学实验中所测电流的桥梁。

如果在溶液中存在几种电活性物质，电流与它们在电极表面的流量的总和相关。因此，对于 q 种可还原的物质，有

$$\frac{i}{FA} = -\sum_{k=1}^{q} n_k J_k(0, t) = \sum_{k=1}^{q} n_k D_k \left[\frac{\partial c_k(x, t)}{\partial x} \right]_{x=0} \tag{7-51}$$

7.4.2　电化学问题的边界条件

在求解电化学问题中的物质传递部分时，要写出每种溶解的物质(O，R，…)的扩散方程式(或一般为物质传递方程)。这些方程的解，也就是说，要得到作为和 t 的函数的 c_O，c_R，…的公式，对于每种扩散的物质都需要一个初始条件(在 $t = 0$ 时的浓度分布)和两个边界条件(在某一定 x 时的可通用的函数)，典型的初始和边界条件包括如下几项。

(1) 初始条件：通常的形式是

$$c_O(x, 0) = f(x) \tag{7-52}$$

如果实验开始时，O 的本体浓度为 c_O^*，且在本体溶液中是均匀分布的，则初始条件为

$$c_O(x, 0) = c_O^* \tag{7-53}$$

如果最初溶液中没有R，那么

$$c_R(x, 0) = 0 \tag{7-54}$$

(2) 半无限边界条件：电解池与扩散层相比通常要大得多，因此，电解池壁附近的溶液不因电极过程而改变。通常可假设在距离电极较远处($x \to \infty$)，浓度为一恒定值，因此典型的初始浓度有如下示例：

$$\lim_{x \to \infty} c_O(x, t) = c_O^* \tag{7-55}$$

$$\lim_{x \to \infty} c_R(x, t) = 0 \tag{7-56}$$

对于薄层电化学池，池壁距离为l，与扩散层在同一数量级，必须用$x = l$边界条件代替$x \to \infty$处的边界条件。

(3) 电极表面边界条件：通常与电极表面浓度或浓度梯度有关。如果在一个控制电势的实验中，可能有

$$c_O(0, t) = f(E) \tag{7-57}$$

$$\frac{c_O(0, t)}{c_R(0, t)} = f(E) \tag{7-58}$$

式中，$f(E)$为某种电极电势的函数，它可从一般的电流-电势特性曲线推导出来，或是它的一种特殊的情况(如能斯特公式)。如果电流是一个被控制的量，边界条件可通过在$x = 0$处的流量表示，例如

$$-J_O(0, t) = \frac{i}{nFA} = D_O\left[\frac{\partial c_O(x, t)}{\partial x}\right]_{x=0} = f(t) \tag{7-59}$$

在一个电极反应中，物质守恒也很重要。例如，当O在电极上被转化为R，并且O和R均溶解在溶液中，那么，对于在电极上进行电子转移的每个O，相应地必须有一个R产生。因此，$J_O(0, t) = -J_R(0, t)$和

$$D_O\left[\frac{\partial c_O(x, t)}{\partial x}\right]_{x=0} + D_R\left[\frac{\partial c_R(x, t)}{\partial x}\right]_{x=0} = 0 \tag{7-60}$$

7.5 浓差极化在储能体系中的应用

7.5.1 原电池与浓度极化

在原电池中，电极两端的电势差是决定电池做功能力的关键因素。这个电势差是由电池内部的化学反应产生的，即化学能通过电化学反应转换成电能。在理想情况下，处于热力学平衡状态的电极体系，电极电势应达到平衡电势，此时理论上电极没有电流通过，即外加电流等于零。然而，在实际应用中的电极通常处于非平衡状态，因为电池需要持续输出电流来驱动外部设备。这种条件下，电极反应不再处于热力学平衡，电极表面可能会发生极化。图7-15展示了原电池中两电极的极化曲线。在初始电流密度j为零

时(即平衡状态)，阳极(负极)和阴极(正极)的电极电势分别为 $\varphi_{c,e}$ 和 $\varphi_{a,e}$，原电池的电动势为 E。通常将某一电流密度下的电极电势与其平衡电势之差称为超电势。随着输出电流密度的增加，阳极(负极)电势逐渐变正，产生阳极超电势 $\eta_\text{阳}$；同理，阴极(正极)电势逐渐变负，产生阴极超电势 $\eta_\text{阴}$，原电池两极间的电势差随着电流的增大而减小。

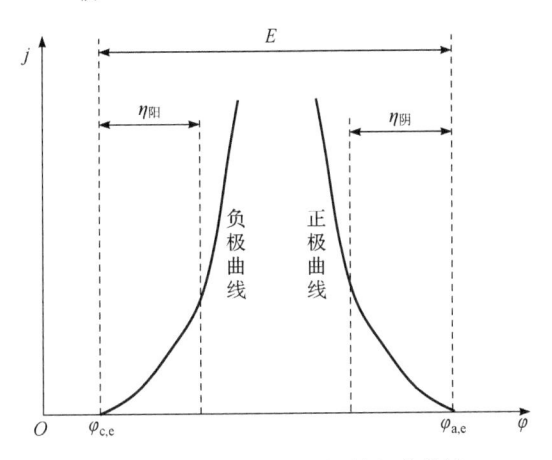

图 7-15 原电池中两电极的极化曲线

极化现象是影响其性能的关键因素，在电池的运行过程中，通常会观察到几种类型的超电势，包括活化超电势、浓差超电势和欧姆超电势。这些超电势反映了电极实际工作状态下，因电流通过而导致的电势偏离平衡电势的程度。图 7-16 揭示了电池极化与放电电流之间的关系。

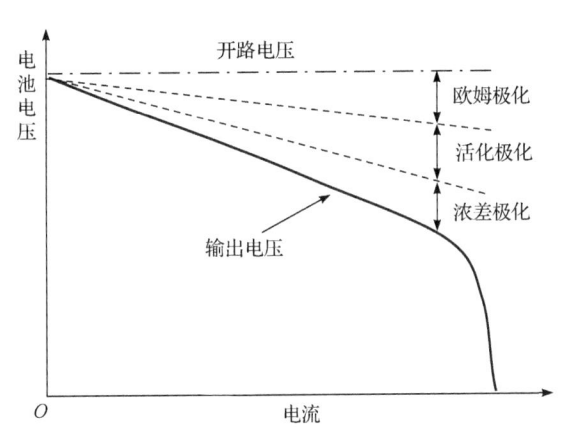

图 7-16 电池的极化与放电电流的关系

活化超电势：源于电极界面的电化学反应。在电流通过电极时，反应速率受到电化学活化能的制约，导致必须克服一定的能量障碍才能进行电子转移。

浓差超电势：在电解质本体与电极/电解质界面之间存在反应物或产物的浓度差，通常在高电流密度下更为显著，是质量传输速率控制的结果。这种浓度差导致物质传递速率受限，进而影响电极反应的进行。

欧姆超电势：反映了电池的总内阻，包括电解质中的离子电阻以及电子电阻(包括活性物质、集流体、导电连接以及活性物质与集流体之间的接触电阻)。这些电阻具有欧姆特性，即电流与电压之间呈线性关系，符合欧姆定律。

极化现象的综合考虑对于优化电池设计和操作至关重要，因为它们直接影响电池的能效、功率输出和寿命。通过改进电解质配方、优化电极结构和材料选择，可以有效减小各种超电势，提升电池的整体性能。

7.5.2 锂电池电化学与浓度极化

锂电池是一种常见的电化学储能设备，其在现代生活中发挥着重要作用。放电曲线是电池在放电过程中因极化效应而形成的图形表示。在不同的操作条件[如电池的充放电速率(通常称为C-率)和工作温度]下，电池能够提供的能量总量与放电曲线所覆盖的面积有着直接的关联。在放电过程中，电池的端电压(V_t)会下降。其中，V_t的下降与浓度极化有关。浓差极化是指锂离子在电极表面的浓度变化引起的极化现象。

1. 极化的影响

电池的极化会对电池的性能和寿命产生负面影响。

(1) 降低电容量：极化会导致电池的电容量降低，即电池可以存储和释放的电荷量减少。这意味着电池在放电过程中会更快地耗尽，需要更频繁地充电。

(2) 增加内阻：极化会导致电池内部的电阻增加，从而限制了电流的流动。这会导致电池在高负载下无法提供足够的电流，影响设备的正常工作。

(3) 减少循环寿命：极化会导致电池的循环寿命减少，即电池可以被循环充放电的次数减少。这意味着电池需要更频繁地更换，增加了使用成本和环境负担。

2. 减轻极化的方法

为了减轻电池的极化问题，可以采取以下方法。

(1) 优化电池设计：通过改进电池的结构和材料选择，可以改善电池的电化学反应和离子传输效率，减少极化的发生。

(2) 控制电池工作条件：避免过高或过低的温度、过大或过小的电流密度等工作条件，可以减少极化的发生，延长电池的寿命。

(3) 使用合适的充电和放电方法：如恒流充电、脉冲充放电等，可以减少极化的发生，提高电池的性能。

7.5.3 燃料电池与浓差极化

燃料电池是一种将持续供给的燃料和氧化剂中的化学能连续不断地转化为电能的电化学装置，与传统电池不同，电极本身不是储能物质，只是将化学能转化为电能的催化剂。

燃料电池在工作时表面会出现净电极反应，即出现反应物的消耗和产物的生成，在电极/溶液界面附近的液层中出现反应物浓度的降低和产物浓度的升高，因此将出现反应物从溶液本体向电极表面的扩散和产物从电极表面向溶液本体的扩散。当反应物和产物的扩散是电极过程中的最慢步骤时，将出现浓差极化。

设电极表面氧化产物对浓差极化影响不大时，得到阳极浓差超电势：

$$\eta_c = -\frac{RT}{nF}\ln\left(1-\frac{j}{j_d}\right) \tag{7-61}$$

式中，j_d 是极限电流密度。

在氢氧燃料电池的两个电极中，由于阳极电化反应的交换电流密度较大，其电化学反应步骤的速率够快，在阳极上氢气的氧化过程易发生浓差极化，且远大于阴极。当只有浓差极化时，氢氧燃料电池的工作电压可以表示为

$$V = E - \eta_c = E + \frac{RT}{nF}\ln\left(1-\frac{j}{j_d}\right) \tag{7-62}$$

为了减弱极化对燃料电池的影响，提出了几种解决方案：①增大交换电流密度：可以通过选择合适的催化剂，使氧电极的还原反应加快，大幅度增大交换电流密度，降低电化学极化程度，进而提高工作电压；②减小电流密度：通过增大电极面积可以在工作电流不变的情况下减小电流密度，降低极化程度，提高工作电压；③降低燃料电池的内阻：通过选择高导电性的电解质溶液、改善催化剂颗粒与电极的接触效果、提高电解质隔膜的导电性并降低其厚度等方法降低燃料电池的内阻。

以锂电池和燃料电池为例说明浓差极化对电池实际效率的影响。对于其他任意电池及储能体系，同样可进行类似的讨论。由此可以看出，物质的扩散过程存在阻力是产生浓差极化的原因，浓差极化的结果是阴极的电极电势降低而阳极的电极电势升高。要想削弱这种极化，降低浓差极化的程度，就应设法减小电极附近的浓度与溶液本体浓度的差异，一般采用加强机械搅拌的办法。另外，升高温度也可减弱浓差极化。

习　　题

1. 在什么条件下才能实现稳态扩散过程？实际稳态扩散过程的规律与理想稳态扩散过程有什么区别？

2. 除了锂电池和燃料电池以外，是否能举出其他浓差极化在储能体系中应用的例子？

3. 在溶液中存在大量局外电解质的条件下电解还原某两价金属离子，发现电极的极化主要是浓差极化。在20℃时电极通过的电流密度为极限电流密度的98%，若维持电流密度不变，将金属离子浓度增大1倍，浓差超电势的绝对值下降了多少(以百分数表示)？假设金属离子浓度的变化对扩散系数和扩散层厚度无影响。

4. 在电化学应用中稳态扩散和非稳态扩散的区别和特点是什么？

5. 在一个电解池中，使用铜(Cu)作为阳极，银(Ag)作为阴极，硝酸铜[$Cu(NO_3)_2$]溶液作为电解质。当电解池工作时，铜离子在阴极被还原成铜，同时硝酸根离子在阳极被

氧化(尽管在实际情况中,通常是水分子在阳极被氧化并释放氧气)。假设使用的是一个固定体积的电解池,且溶液中的离子浓度是均匀的。

(1) 假设在电解过程中,有 0.01mol 铜在阴极析出。计算在这个过程中,有多少摩尔电子发生了转移?

(2) 如果电解池的体积是 100mL,且初始时硝酸铜的浓度为 0.1mol/L,计算电解后溶液中硝酸铜的浓度(假设电解过程中溶液体积不变)。

(3) 考虑到液相传质的影响,如果电解过程中离子在溶液中的扩散速率为 $1×10^{-9}m^2/s$,计算电解 1min 后,离子在溶液中扩散的平均距离。

6. 在一个燃料电池中,使用氢气作为燃料,氧气作为氧化剂,并通过质子交换膜(PEM)将电解质与气体分开。质子交换膜只允许质子(H^+)通过,而不允许其他离子或分子通过。现在,考虑这个燃料电池在恒定电流下运行,并且已知其电流密度(j)和质子交换膜的面积(A)。

(1) 假设燃料电池的电流密度为 $0.5A/cm^2$,质子交换膜的面积为 $200cm^2$,求燃料电池产生的总电流(I)。

(2) 考虑液相传质的影响,假设氢气在电解质溶液中的扩散系数为 $1×10^{-5}cm^2/s$,且燃料电池中的氢气浓度梯度为 0.1mol/L。估算在 1min 内,通过质子交换膜附近的氢气扩散通量(N)。

7. 已知 25℃时,在静止溶液中阴极反应 $Cu^{2+} + 2e^- \longrightarrow Cu$ 受扩散步骤控制。Cu^{2+} 在该溶液中的扩散系数为 $1.1×10^{-5} cm^2/s$,扩散层有效厚度为 $1.1×10^{-2}cm$,Cu^{2+} 浓度为 0.5mol/L。试求阴极电流密度为 $0.044 A/cm^2$ 时的浓差极化值。

8. 在无添加剂的锌酸盐溶液中镀锌,其阴极反应为 $[Zn(OH)_4]^{2-} + 2e^- \longrightarrow Zn + 4OH^-$,并受扩散步骤控制。18℃时测得某电流密度下的电势为 0.056V,若忽略阴极上析出氢气的反应,并已知 $[Zn(OH)_4]^{2-}$ 的扩散系数为 $0.5×10^{-5} cm^2/s$,浓度为 2mol/L,在电极表面液层($x = 0$ 处)的浓度梯度为 $8×10^{-2} mol/cm^4$,试求:

(1) 阴极超电势为 0.056V 时的阴极电流密度;

(2) $[Zn(OH)_4]^{2-}$ 在电极表面液层中的浓度。

9. 若 25℃时,阴极反应 $Ag^+ + e^- \longrightarrow Ag$ 受扩散步骤控制,测得浓差极化超电势 $\eta_{浓差} = \varphi - \varphi_r = -59mV$。已知 $c^0_{Ag^+} = 1 mol/L$,$\left(\dfrac{dc_{Ag^+}}{dx}\right)_{x=0} = 7×10^{-2} mol/cm^4$,$D_{Ag^+} = 6×10^{-5} cm^2/s$,试求:

(1) 稳态扩散电流密度;

(2) 扩散层有效厚度 $\delta_{有效}$;

(3) Ag^+ 的表面浓度 $c^s_{Ag^+}$。

参 考 文 献

陈军, 严振华, 2021. 新能源科学与工程导论[M]. 北京: 科学出版社.
邓致远, 李明珠, 方国赵, 等, 2024. 水系锌离子电池研究进展[J]. 硅酸盐学报, 52(2): 405-427.
高鹏, 朱永明, 于元春, 2019. 电化学基础教程[M]. 北京: 化学工业出版社.
高颖, 邬冰, 2024. 电化学基础[M]. 北京: 化学工业出版社.
郭炳, 李新海, 杨松青, 2009. 化学电源: 电池原理及制造技术[M]. 长沙: 中南大学出版社.
何雨桐, 牛志强, 2021. 二次金属离子电池的研究现状[J]. 化学教育, 42(18): 24-33.
胡方圆, 2022. 材料电化学基础[M]. 北京: 化学工业出版社.
胡勇胜, 陆雅翔, 陈立泉, 2020. 钠离子电池科学与技术[M]. 北京: 科学出版社.
黄可龙, 王兆翔, 刘素琴, 2008. 锂离子电池原理与关键技术[M]. 北京: 化学工业出版社.
黄彦瑜, 2007. 锂电池发展简史[J]. 物理, 36(8): 9-17.
李荻, 2008. 电化学原理[M]. 3版. 北京: 北京航空航天大学出版社.
李荻, 李松梅, 2021. 电化学原理[M]. 4版. 北京: 北京航空航天大学出版社.
李栋, 2022. 电化学基础理论与测试方法[M]. 北京: 冶金工业出版社.
李慧, 吴川, 吴锋, 等, 2014. 钠离子电池: 储能电池的一种新选择[J]. 化学学报, 72(1): 21-29.
卡尔·H. 哈曼, 安德鲁·哈姆内特, 沃尔夫·菲尔施蒂希, 2012. 电化学(原著第二版)[M]. 陈艳霞, 夏兴华, 蔡骏, 等译. 北京: 化学工业出版社.
陆天虹, 等, 2014. 能源电化学[M]. 北京: 化学工业出版社.
邵元华, 朱果逸, 董献堆, 等, 2005. 电化学方法、原理和应用[M]. 2版. 北京: 化学工业出版社.
孙晴, 高筠, 2022. 水系锌离子电池的最新研究进展[J]. 材料导报, 36: 5-11.
唐浩东, 刘佳, 李小年, 2021. 物理化学[M]. 北京: 化学工业出版社.
王凤平, 敬和民, 辛春梅, 2017. 腐蚀电化学[M]. 2版. 北京: 化学工业出版社.
温术来, 李向红, 孙亮, 等, 2019. 金属空气电池技术的研究进展[J]. 电源技术, 43(12): 2048-2052.
向兴德, 卢艳莹, 陈军, 2017. 钠离子电池先进功能材料的研究进展[J]. 化学学报, 75(2): 154-162.
谢嫚, 吴锋, 黄永鑫, 2020. 钠离子电池先进技术及应用[M]. 北京: 电子工业出版社.
晏成林, 2020. 原位电化学表征、原理、方法及应用[M]. 北京: 化学工业出版社.
杨绍斌, 梁正, 2024. 锂离子电池制造工艺原理与应用[M]. 北京: 化学工业出版社.
杨熙珍, 杨武, 1991. 金属腐蚀电化学热力学电位-pH图及其应用[M]. 北京: 化学工业出版社.
查全性, 等, 2002. 电极过程动力学导论[M]. 北京: 科学出版社.
张林森, 2023. 新能源材料与器件概论[M]. 北京: 化学工业出版社.
张林森, 方华, 2023. 新能源材料与器件概论[M]. 北京: 化学工业出版社.
张义永, 张英杰, 2021. 电化学研究方法[M]. 成都: 西南交通大学出版社.
张毓杰, 2024. 可充电金属镁电池高性能正极材料研究[D]. 武汉: 武汉大学.
周恒辉, 慈云祥, 刘昌炎, 1998. 锂离子电池电极材料研究进展[J]. 化学进展(1): 87-96.
BAI H R, ZHU X H, AO H S, et al., 2024. Advances in sodium-ion batteries at low-temperature: challenges and strategies[J]. Journal of energy chemistry, 90: 518-539.
BARCHASZ C, MOLTON F, DUBOC C, et al., 2012. Lithium/sulfur cell discharge mechanism: an original approach for intermediate species identification[J]. Analytical chemistry, 84(9): 3973-3980.
GARCHE J, BRANDT K, 2022. Electrochemical Power Sources: Fundamentals, Systems, and Applications[M]. Amsterdam: Elsevier B.V.

GOIKOLEA E, PALOMARES V, WANG S J, et al., 2020. Na-ion batteries-approaching old and new challenges[J]. Advanced energy materials, 10(44): 2002055.

GRAHAME D C, 1947. The electrical double layer and the theory of electrocapillarity[J]. Chemical reviews, 41(3): 441-501.

LI Y, LU Y, ZHAO C, et al., 2017. Recent advances of electrode materials for low-cost sodium-ion batteries towards practical application for grid energy storage[J]. Energy storage materials, 7: 130-151.

LIANG X, HWANG J, SUN Y, 2013. Practical cathodes for sodium-ion batteries: Who will take the crown?[J]. Advanced energy materials, 13(37): 2301975.

LU J, LI L, PARK J B, et al., 2014. Aprotic and aqueous Li-O_2 batteries[J]. Chemical reviews, 114(11): 5611-5640.

PAN H, HU Y S, CHEN L, 2013. Room-temperature stationary sodium-ion batteries for large-scale electric energy storage[J]. Energy & environmental science, 6(8): 2338-2360.

WILD M, O'NEILL L, ZHANG T, et al., 2015. Lithium sulfur batteries, a mechanistic review[J]. Energy & environmental science, 8(12): 3477-3494.

XU H, YANG W, LI M, et al., 2024. Advances in aqueous zinc ion batteries based on conversion mechanism: challenges, strategies, and prospects[J]. Small, 20: 2310972.